Adobe Camera

石礼海 著

酷炫修图 Raw

—— RAW格式照片专业处理技法

U0247856

人民邮电出版社
北京

图书在版编目（CIP）数据

Adobe Camera Raw 酷炫修图：RAW格式照片专业处理技法 / 石礼海著. -- 北京：人民邮电出版社，2019.7
ISBN 978-7-115-51238-3

Ⅰ. ①A… Ⅱ. ①石… Ⅲ. ①图象处理软件 Ⅳ. ①TP391.413

中国版本图书馆CIP数据核字（2019）第095530号

内 容 提 要

Adobe Camera Raw是Adobe公司的一款插件，近年来，Camera Raw的功能越来越强大，大部分摄影后期处理工作都可以通过它来完成，Camera Raw越来越受到广大摄影爱好者和摄影师的追捧。

本书共有13章，主要讲解了运用Camera Raw对照片进行处理的技法。包括Camera Raw的相关设置，创建图像初始化快照——还原点的方法，进行基础调整、局部精细调整、处理高光比图像、锐化照片和减少照片中的杂色，用Camera Raw特效滤镜处理照片，用Camera Raw批处理照片，用Camera Raw进行高级调色等实用的后期处理技法，创建高品质黑白图像的方法，用Camera Raw合成全景图像的方法，用Camera Raw创建HDR图像的方法等。此外，本书还简要介绍了运用Bridge CC对图片进行有效管理的方法。

本书是为摄影后期初学者度身打造的数码摄影后期教程，适合摄影爱好者、摄影师学习和参考。

◆ 著　　　　石礼海
责任编辑　胡　岩
责任印制　周昇亮

◆ 人民邮电出版社出版发行　　北京市丰台区成寿寺路 11 号
邮编　100164　　电子邮件　315@ptpress.com.cn
网址　http://www.ptpress.com.cn
天津市豪迈印务有限公司印刷

◆ 开本：690×970　1/16
印张：16　　　　　　　　　　　2019 年 7 月第 1 版
字数：379 千字　　　　　　　　2019 年 7 月天津第 1 次印刷

定价：79.00 元

读者服务热线：(010)81055296　印装质量热线：(010)81055316
反盗版热线：(010)81055315
广告经营许可证：京东工商广登字 20170147 号

序

在2013年和2014年雪花啤酒中国古建筑摄影大赛的活动中，我认识了来自山东枣庄的石礼海，那个时候他已经入围佳能十佳摄影师、获得《大众摄影》杂志影像十杰、"中国古建筑摄影师"十杰、山东省"泰山文艺奖"等荣誉，成绩骄人。石礼海为人敦厚、朴实、热情，摄影作品中充满着一股灵气。也许是缘分吧，在云南的拍摄活动过程中我们几乎是形影不离的，他总是抢过我的摄影包背着，从丽江中甸一直拍到了松赞林布寺。

2017年9月，我到山东济宁讲课，石礼海又赶来看我，第二天我到曲阜拍摄孔庙等古建筑，临行前他送我到车站，因为要等4个小时，他建议选一张我的片子一起调调，看看不同的后期方式，结果令我大吃一惊。石礼海用最新的Camera Raw将照片调得令人耳目一新，我当即提出向他学习Camera Raw的后期方式，结果出现了以下的场景：在国庆长假的3天里，枣庄市文联艺术培训中心的大教室中出现了师生对换的情景，他在投影仪前讲课，我作为唯一的学生，十分幸运地坐在教室里，虽然我并未全懂全会，但是我意识到Camera Raw的后期制作方式不断更新是当今摄影后期制作中非常重要的事情，它为我们打开了一个摄影创作的新天地。

回北京后，我立即做了两件事情：第一，向中艺影像学校杨书娟校长强烈推荐石礼海作为后期制作课程的老师，中艺影像学校立即同意，破例为外地老师第一次开设了常规课程，没想到石礼海的课程学生报名踊跃，开课后竟一发不可收拾，每个月连续开3个班，成为学校最热门的课程之一；第二，我向人民邮电出版社推荐出版石礼海的Camera Raw教程，并立即得到了编辑部胡岩老师的认可，于是有了今天呈现在大家面前的这本Camera Raw教程。

后期调整的意义已经不言而喻，如今已成为摄影艺术的必由之路。因为只有前后期统一才能产生完美的摄影艺术作品。通过Adobe Camera Raw对照片进行处理是一种无损的照片调整方式，近年来Camera Raw不断更新，特别是在影调、透视、蒙版以及图层的调整中不仅快捷、简便，还有许多巧妙之处，给摄影者带来了更大的创作空间。值得一提的是，石礼海创作编制了大量的Camera Raw动作预设，是无所适从的初学者迅速掌握后期制作的有效方法。后期是再创作的过程，希望读者们以此书为工具，举一反三，制作出自己独特的摄影艺术作品。

林铭述
2018年8月18日

前言

学习 Adobe Camera Raw（简称 ACR），一切源于摄影。

经过近 20 年的学习、交流、教学与实践，我对 ACR 有了一些自己的心得和体验。

安塞尔·亚当斯（Ansel Adams）在《论底片》（The Negative）一书中提到："我相信影像的数字化会是摄影以后的主要趋势，我热切地期待着全新的影像制作的理论出现。电子影像系统将有它独特的属性和结构框架，所有的影像艺术家以及专业人员会力求学习控制这一系统。"而 ACR 恰恰是这一系统中最重要的、必须要学习、掌握和熟练运用的软件。ACR 能将 RAW 文件的宽容度发挥到极致，它最大的优势在于一键式调图，容易上手，并且可以实现对局部区域的精细调整，使图像影调更富有层次、色彩更加细腻、丰富，可通过它实现真正意义上的无损调图。

我很幸运，在 2013 年认识了中国摄影家协会艺术委员会委员、知名摄影家林铭述老师，他的授课使我受益匪浅，给了我很大的启迪。几年来，林铭述老师多次催促我将个人的所学、所思、所感、所悟写出来与大家分享，由于感觉自己理论素养欠缺，因此我迟迟未能动笔。2018 年年初，林铭述老师来到枣庄并再次敦促此事，我深深感动于他的执着、厚爱与赏识，在他的大力鞭策和热情推荐下终成此书。

我总说自己是一个很幸运的人，因为我在成长的每一步都能得遇贵人相助。因此，我要感谢恩师杨传义先生，是他引我步入摄影之门，他的谆谆教导我始终铭记在心；感谢恩师夏斌先生，是他领我步入数码摄影后期之门，他精湛的技艺一直影响我不懈努力；感谢徐晓刚老师的推荐，有幸荣膺《大众摄影》俱乐部 2012 年度"十佳摄影师"使我自信倍增；感谢枣庄市文联、枣庄市摄影家协会的各位领导，为我提供了广阔的学习与实践空间；感谢中兴影社的各位影友给予我的莫大鼓励和支持，特别是布衣乐夫在本书成稿过程中提出的宝贵意见和建议。最后，要感谢我的爱人和女儿，是她们的付出和支持，才使我能够安心地做自己想做的事业。

数码后期之路漫漫无尽，工具多种多样，内容博大精深。本书只是我近年来学习 ACR 的一个小结和汇报。如果影友们能从中得到些许启发和收获，我将由衷地感到高兴。对书中的谬误之处，恳请大家提出宝贵意见。

石礼海

2018年6月21日凌晨3点

目 录 CONTENTS

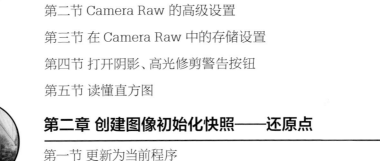

"工欲善其事，必先利其器。"在使用 Camera Raw 之前，我们先要把它调整到最适合的状态。

01°

第一章 Camera Raw 设置

工欲善其事，必先利其器。在使用 Camera Raw 之前，要先把它调整到最适合的状态。

在 Adobe Bridge 内容面板中选择图像，打开应用程序栏，单击"在 Camera Raw 中打开"图标，进入 Camera Raw 界面（Windows 系统的快捷键为 Ctrl+R，Mac 系统的快捷键为 command+R）。

也可以在图像上双击或右键单击，在弹出的对话框中选择"在 Camera Raw 中打开"。

这样就进入了 Camera Raw 的主界面。

第一节 Camera Raw 的基本设置

第一步，设置 Camera Raw 的首选项。

单击工具栏中的"打开首选项对话框"（Windows 系统的快捷键为 Ctrl+K，Mac 系统的快捷键为 command+K），或在 Bridge 编辑中选择"Camera Raw 首选项"。在首选项常规中，选择将图像设置存储在"Camera Raw 数据库"。

在 Camera Raw 中处理 DNG、TIFF 和 JPEG 文件时，系统将调整编辑存储在原始文件中，而处理其他相机的原始文件时，系统会将调整编辑存储在".xmp"附属文件中。设置后，不再出现".xmp"附属文件。

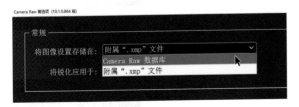

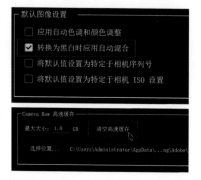

第二步，在默认图像设置中勾选"转换为黑白时应用自动混合"。

第三步，在Camera Raw高速缓存中单击"清空高速缓存"。

高速缓存缩短了在Camera Raw中打开图像所需的时间，但是，默认存储的文件夹，会随着缩览图、元数据和文件信息的不断增加而变得很大，使机器运行缓慢，因此，清除陈旧高速缓存很有必要。

其中，高速缓存默认大小为1GB，只能存储200余幅图像的数据。可设置为5~10GB。单击"选择位置"，改变"高速缓存"保存磁盘位置。可选择D盘，新建"CC垃圾"文件夹。

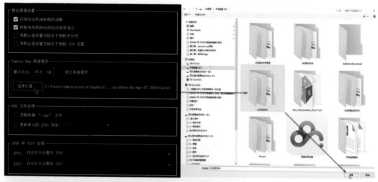

第四步，勾选"更新嵌入的JPEG预览"，对DNG文件所做的任何修改，也会在预览中同步。

第五步，在"JPEG和TIFF处理"中，展开"JPEG"选项，选择"自动打开所有受支持的JPEG"。展开"TIFF"选项，选择"自动打开所有受支持的TIFF"。设置后，JPEG和TIFF文件都可在Camera Raw中打开。

第六步，在"性能"设置中，勾选"使用图形处理器"。

经过上面六个步骤，Camera Raw基本就可以使用了，但要真正达到实用目的，下面的设置更为必要，也更为重要。以后讨论的所有Camera Raw内容，都与它有关。

第二节 Camera Raw 的高级设置

本节主要讨论图像的色彩空间和工作流程选项。

一、设置色彩空间

单击 Camera Raw 对话框底部带有下划线的文字。在对话框"色彩空间"选项中，选择"Lab Color"。

Camera Raw 默认的色彩空间是 Adobe RGB（1998），它的色域比 sRGB 色域大，比 ProPhoto RGB 色域小；而 Lab 的色域又比 ProPhoto RGB 色域更大。为了最大限度地保留图像的色彩元素，Lab 是最适合的。当然，选择 ProPhoto RGB 也是可以的。但是，更推荐使用 Lab！理由如下：

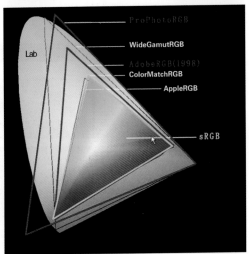

1. 随着高端显示器和超色域打印机的出现，那些不可见的色彩范围会高调归来。

2. 获得更大的创作空间，充分利用 Raw 格式所包含的颜色信息：颜色范围越大，可显颜色越多，色彩效果越好。

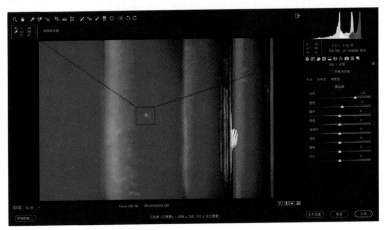

3. 在 Camera Raw 中，鼠标指针拖移之处，明度值在通道信息里即时显现。有利于掌控图像的影调，区域曝光理论能得到充分的施展。（L 值表示颜色的明度、a 值表示颜色的红绿值、b 值表示颜色的黄蓝值。）

除了"色彩空间"选项，可在"色彩深度"选项中选择"16位／通道"。这是基于在8位／通道图像中，每个通道有256种颜色；而在16位／通道图像中，每个通道有65536种颜色。色彩深度越高，可用的颜色就越多，图像的色彩就更加丰富。

二、创建个性化的工作流程

展开预设，选择"新建工作流程预设"，在弹出的对话框中键入名称并单击"确定"保存预设，再次单击"确定"完成创建。它的作用主要是把习惯的操作内容和步骤组合起来，以提高工作效率。

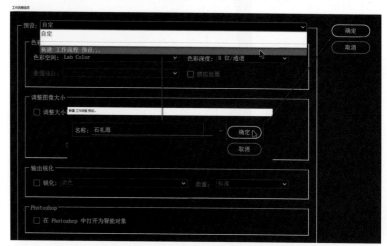

第三节 在 Camera Raw 中的存储设置

存储设置包括文件格式、文件大小、色彩空间等内容。

一、在 Camera Raw 中转换 DNG 格式文件

将原始文件转换成DNG格式的优点很明显：

1. DNG格式是 Adobe 公司创建的一种开放式的存储格式，任何版本的Camera Raw，无须升级均可以顺利打开。

2. 转换DNG格式，文件量比原始文件小1/5。

3. 图像的任何编辑都嵌入在文件本身，不产生附属文件".xmp"。

4. 国内的高端图片社，均接收DNG文件用于打印。

5. 转换后的DNG文件，体量小、传输快，方便后期学习交流。

二、转换成 DNG 格式文件的方法

1. 单击"存储图像"命令，在弹出的"存储选项"对话框中，选择存储位置，默认存储位置和源文件相同。

2. 在"文件命名"中, 选择文件扩展名为".dng", 并做如图设置, 如果不是批量转换,位数序号可以留白。

3. 在"格式"设置中, 勾选"使用有损压缩", 并指定文件大小。以DNG格式作为备份, 就不要勾选这个选项。

4. 如果喜欢这种存储方式, 就可以在"存储选项"中做如下图设置。展开预设, 选择"新建存储选项预设", 在弹出的对话框中键入名称, 单击"确定"保存预设, 再单击"存储", 完成转换命令, 转换后的文件只有300KB左右，下次使用时可在"预设"中选用，省时省力。

三、转换 JPEG 格式图像

1. 转换 JPEG 格式图像和转换 DNG 格式相似，不同点是在文件扩展名中选择".jpg"。

2. 在"品质"中键入"12"，确保转换后的图像为最佳效果。

3. 展开"色彩空间"，选择"sRGB IEC61966-2.1"，色彩深度为"8位/通道"，确保图像在放映幻灯片、演示文稿以及流媒体中，特别是在手机APP中使用，不会出现颜色失真的现象。

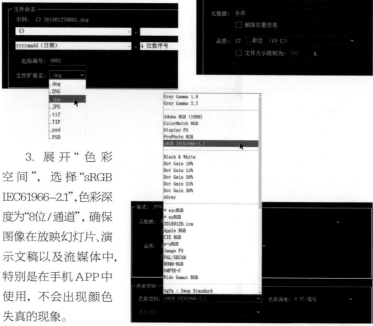

4. 在"调整图像大小"设置中，可以指定转换图像大小。由原始文件转换JPEG格式图像，原始尺寸扩展一倍，画质有保障，扩展二倍也可以，再高就会有风险！

5. 在"输出锐化"设置中，锐化选择"光面纸"或"粗面纸"（取决于打印纸张）；数量选择"高"，保证作品在输出打印中，有清晰的锐度。处理JPEG格式文件，不建议勾选任何选项。

6. 如果喜欢这种保存JPEG格式图像的方式，可以创建存储预设。

7. 还可以将原始数据文件，转换存储为PSD和TIFF格式，方法与上面类似。

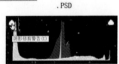

第四节 打开阴影、高光修剪警告按钮

阴影、高光修剪警告按钮位于直方图的上方，左侧为阴影修剪警告，右侧为高光修剪警告，单击可打开或关闭。

图像中红色表示亮部细节溢出，蓝色表示暗部细节溢出。

第五节 读懂直方图

直方图是编辑图像的核心工具，是图像的"X光"片。读懂直方图，对后期调整有着十分重要的指导作用。理想的直方图从左向右均匀地分布像素值，高光不溢出，暗部有细节。但是理想的直方图不一定是理想的照片。

如图，影调集中在中间调，效果却很好。

直方图横轴由左向右显示0~255的亮度数值，数值越大亮度越高，纵轴表示图像对应亮度的像素值分布。Camera Raw 将直方图分为5个区域，分别是黑色、阴影、曝光、高光和白色。

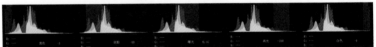

直方图由三层颜色组成，分别表示红色、绿色和蓝色通道。当三个通道重叠时，将显示白色。当两个通道重叠时，将显示黄色（红色通道+绿色通道）、洋红色（红色通道+蓝色通道）或青色（绿色通道+蓝色通道）。

Camera Raw 允许在直方图上炫酷调图，使用鼠标在直方图相应的区域单击并拖动，调整图像的影调，所做的调整将反映在"基本"面板上的对应滑块中。

直方图的容貌受图像色彩空间模式的影响很大，同一张图像在不同的色彩空间，表现形式不一样。

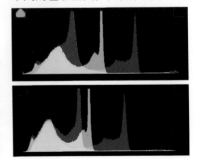

在色彩空间为ProPhoto RGB 模式下。

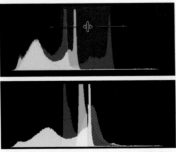

在色彩空间为Lab Color模式下。

随着后期软件的不断更新和对摄影理解的不断深入，人们在不同时间对同一张图片处理的想法会略有不同，甚至会恢复 Camera Raw 默认值来重新调整。那么曾在图像调整前所做的一切基础编辑工作，都将从头开始。比如清除污点、白平衡校正、镜头畸变校正等，如不想重复以上基础调整,创建图像初始化快照——还原点，就显得尤为重要。

第二章 创建图像初始化快照
——还原点

第一节 更新为当前程序

当使用最新版本的Camera Raw，打开在较早版本编辑过的文件时，在图像窗口右下角会出现"！"提示。

最新版本Camera Raw使用最先进的运算方法，会提示是使用最新算法和最新控件来重新运算和编辑图像，还是保持原来的图像编辑。

如果需要更新为最新版本，请在"！"上单击完成更新。

更新后的图像效果得到了一定的改善，调整控件也焕然一新。

第二节 污点去除工具高级使用技法

在拍摄过程中，相机的CCD、镜头不可避免地会沾染上灰尘，表现在照片上就是污点。完美去除这些污点，是修图很重要的基础工作。污点去除工具，是摄影师最常使用的工具之一，操作简单、用途广泛，可以一键消除相机传感器上灰尘产生的污点、修复照片内的瑕疵，并且操作不具有破坏性。

一、"污点去除"工具基本使用

1. 在 Camera Raw 中打开案例图像，单击工具栏中的"污点去除"工具 ☑ (快捷键为 B)。基本调整面板将切换成"污点去除"面板。

2. 放大图像，可清晰地发现污点，按住空格键，鼠标将切换成抓手工具，拖移查看图像，把所有污点全面暴露出来。

几种缩放图像的方式，可自由选择：

(1) 双击工具栏"缩放工具"图标，图像自动放大至100%（Windows系统快捷键为 Ctrl+Alt+0，Mac系统的快捷键为 command+option+0）。

(2) 在"选择缩放级别"中缩放图像。

(3) 选择"缩放工具"，单击图像向左（右）拖动，以鼠标指针为原点缩小（放大）图像。

(4) Windows系统的快捷键为 Ctrl+"＋"放大图像（Mac系统的快捷键为 command+"＋"），Windows系统的快捷键为 Ctrl+"－"缩小图像（Mac系统的快捷键为 command+"－"）。

(5) 在图像预览窗口中单击鼠标右键缩放图像。

(6) Windows系统的快捷键为 Ctrl+0，符合视图大小（Mac系统的快捷键为 command+0）。

3. 调整画笔大小。"污点去除"工具的画笔大小，以稍大于污点为好。常用调整的方法是：单击鼠标右键，向左拖动缩小画笔，向右拖动放大画笔；或者在"污点去除"面板中，拖动"大小"控件滑块调整画笔大小。

画笔工具中需要了解的几个重要概念：

(1)"大小"用来控制画笔的直径大小。

(2)"羽化"是选区内外衔接的部分自然融合效果，羽化值越大，融合越柔和。当羽化值为零时，画笔也会有轻微的柔边效果。

(3)"不透明度"是被修复的区域和取样区域在效果上的互相叠加，形成新的显示方式。不透明度数值越高，取样区域的样本越显现。

4. 使用"污点去除"工具，在修复模式下，在污点处单击，即可去除污点。

下图中红白相间的圆圈是被修复区域，绿白相间的圆圈是Camera Raw 通过计算并查找的补丁区域，中间的黑白虚线为二者的亲属链接。

如果自动查找的补丁区域修复不好，单击"/"键，让Camera Raw重新计算并自动查找补丁区域，或拖动绿白圆圈，手动查找补丁区域。

5. 对于连续的不规则污点，可以单击污点并拖曳出选区，即可清除。

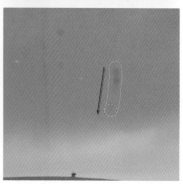

6. 如修改上次操作，让画笔靠近白色圆形点（闭合状态，不可修改），出现三角指针提示时单击激活。若修改"污点去除"工具画笔大小，当鼠标指针在圆圈处出现双向箭头时，拖曳鼠标即可。

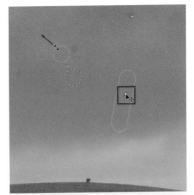

7. 有一种方法，可以选择性地删除白色圆形点，操作简单快捷。Windows系统下按住Alt键（Ma系统下按住option键），画笔自动切换成剪刀工具，单击白色圆形点将其删除。若清除全部，可单击"污点去除"面板底部的"清除全部"。

8. 在"污点去除"面板底部，勾选"使位置可见"（允许深度查找肉眼很难分辨的瑕疵），增加控件阈值，图像中深藏的污点全部显现。

快速调整"使位置可见"控件阈值的方法：

(1)快速增加阈值，按Shift+"句号"键，直接按句号键，慢速增加阈值。

(2)快速减小阈值，按Shift+"逗号"键，直接按逗号键，慢速减小阈值。

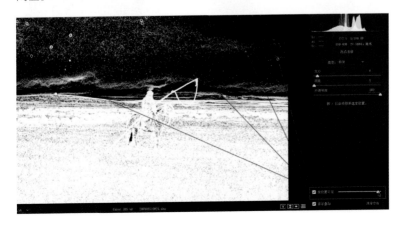

9. 对于同一款相机，相似的场景，可以进行批量污点去除。

选择图像，在 Camera Raw 中同时打开，在胶片菜单中选择"全选"（Windows 系统的快捷键为 Ctrl+A，Mac 系统的快捷键为 command+A）。操作技法同单幅"污点去除"技法。

二、污点去除工具的拓展使用

1. 修补图像中的瑕疵

在 Camera Raw 中打开案例图像，使用"污点去除"工具，单击瑕疵并拖曳出选区，松开鼠标完成修补命令。

下图为瑕疵被修补后的效果。

2. 去除不需要的物体。图像有线性或非线性杂物时，不需要拖曳选区，让"污点去除"工具画笔大小刚好大于杂物的一端并单击。

调整好画笔大小，让其刚好大于另一端。按住Shift键并在杂物另一端单击，两个单击点会自动相连，快速完成去除杂物命令（按住Shift键，两点连成一线）。

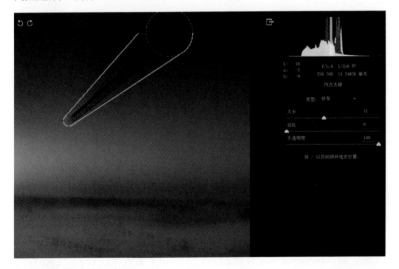

调整前后效果对比图。

3. 人像美容

"污点去除"工具在人像美容修饰中，起着十分重要的作用。不仅可以去除面部的瑕疵，还可以消除或弱化面部的皱纹。

(1) 去除人像面部的瑕疵，操作方法同"污点去除"工具使用技法。

(2) 要使瑕疵完全显现，可再次勾选"使位置可见"，并减少控件阈值，使瑕疵和皮肤分明。

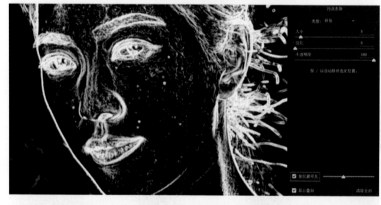

(3) 消除或弱化人物面部的皱纹，可以通过调整不透明度来实现叠加效果。将"不透明度"控件滑块缩至50，由于老人皱纹较长，可采用分段弱化的方法，耐心细致地修饰。在人像修饰中，常常需要手工协助查找补丁区域。

修饰后，老人皱纹弱化了。

4."污点去除"工具在仿制模式下的高级使用技法

"污点去除"工具在仿制模式下，很像Photoshop中的污点修复画笔和仿制图章工具的混合，可以在原始图像中仿制仿制源。

不过，如果开启"污点去除"工具的仿制模式，仿制后的边缘十分生硬，将羽化值最大化也不能令人满意，只有再次选择修复模式，才可实现完美仿制。

案例一：

(1)把案例中的月亮仿制到合适的位置。炫酷的技法是Windows系统下按住Ctrl键（Mac系统下按住command键），在理想位置上单击鼠标并将绿白相间的圆圈拖曳至月亮处。绿白相间的圆圈，会像磁铁一样依附着鼠标指针直至松开鼠标。

(2)天空出现了两个月亮。

(3)由于当前画面中的绿白相间的圆圈影响在原处再次进行操作，可取消"显示叠加"的勾选，然后在原月亮处再次单击，即回归自然状态。

(4)仿制的效果十分令人满意。

案例二：在背景复杂的环境中仿制仿制源。

(1)把案例中的小船仿制到合适的位置，一定要先用鼠标拖曳出物体的复杂轮廓，这是成功仿制的技巧。

(2)然后，将红白相间和绿白相间的圆圈相互调换位置。

(3)取消显示叠加，发现仿制区域周边过渡不自然，将羽化值调至100，痕迹消失。按住Shift键，单击鼠标右键向右（左）拖动画笔，可以增加（降低）羽化值。

使用"污点去除"工具时，在复杂的环境中仿制仿制源，才需要调整羽化值，Camera Raw内置轻微的柔边效果，可以胜任正常的污点去除工作。

(4)原小船去哪儿了?

第三节 镜头矫正高级使用技法

不同类型的相机镜头,会产生不同类型的瑕疵:常见于图像的桶形失真(直线向外弯曲)、枕形失真(直线向内弯曲)、色差(彩色镶边条纹)和边缘晕影(图像边缘比图像中心暗,角落尤甚。)。镜头校正面板里的控件,可以很轻松地校正一些数字捕获造成的光学问题。

一、色差校正高级技法

色差是多色光通过透镜时,由于波长和折射率各不相同,在图像边缘留下彩色的镶边条纹。用不同的玻璃材料制成的凹凸镜组合可以消除色差。但是,光学系统的实际成像与理想成像还存在一定的距离。

色差多出现在影像反差强烈的物体边缘,彩色的镶边条纹有时是红色、有时是绿色、有时是紫色、有时是蓝色,无论什么颜色,Camera Raw "镜头校正" 面板控件都可以轻松地完成去除色差命令。

1.全自动删除色差法

(1)打开案例图像,在图像调整选项栏中选择 "镜头校正"。

图像调整选项栏从左向右至预设面板,Windows系统下快捷键依次为Ctrl+Alt+ "1~9"(Mac系统下快捷键依次为command+option+ "1~9")。

(2) 删除色差，最好将图像放大至100%～200%，图像边缘有很严重的蓝色和紫色镶边。

(3) 在面板 "配置文件" 选项中，勾选 "删除色差"。可以发现，Camera Raw 依据图像的元数据，利用内置配置文件数据出色地完成了删除色差任务。

(4) 校正前后效果对比如下图所示。

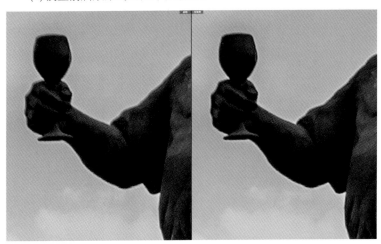

2. 半自动去边法

当使用大光圈逆光拍摄的图像边缘出现色差时，"删除色差"控件无法完成命令，需要选择面板中的"手动"调整控件来完成，而半自动去边法兼顾引导性和提示性的作用。

紫色(绿色)数量的大小，决定去除彩色镶边条纹的多少，紫色(绿色)相控件滑块负责查找彩色镶边条纹的色相范围。

(1)打开案例并放大图像至100%，选择镜头校正并展开"手动"校正面板。Windows系统下按住Ctrl键(Mac系统下按住command键)鼠标指针将切换成颜色滴管工具，在彩色镶边条纹上单击。

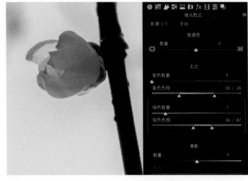

(2)"绿色数量"和"绿色色相"可以自动清除彩色镶边条纹。"绿色数量"自动调整为3，"绿色色相"自动调整为46-67。

半自动去边法不能很好地完成去边任务时，可使用全手动去边法达到去边目的。

3. 全手动去边法

在半自动去边法使用中，会发现调整"绿色色相"可以查找案例的颜色镶边条纹。

(1)Windows系统下按住Alt键(Mac系统中按住option键)移动"绿色色相"滑块，镶边条纹会被黑色遮挡。这样操作可以轻松、直观、准确查找颜色镶边条纹区域，防止去边过度("绿色色相"滑块调整为42-79)。

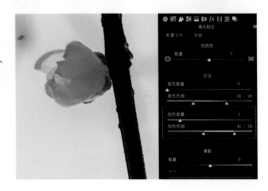

(2)Windows系统下按住Alt键（Mac系统下按住option键）移动"绿色数量"值，图像中颜色镶边条纹区域凸显，无关影像被隐藏。增加"绿色数量"值至颜色镶边条纹区域颜色变为中性色为止，颜色镶边条纹完全消失（"绿色数量"值为7）。

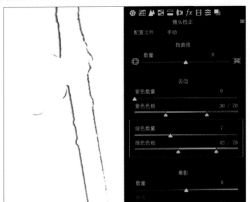

(3)校正前后效果对比如下图所示。

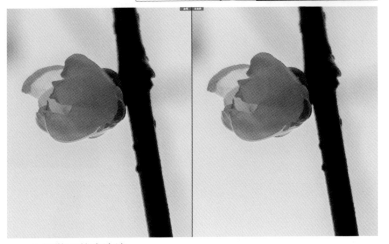

4.调整画笔去边法

在Camera Raw工具栏里有"调整画笔"工具 ，在"调整画笔"面板选项中有"去边"控件，它可以快速消除图像边缘的颜色镶边条纹。正值会消除图像边缘的颜色镶边条纹，负值可以恢复由于手动去边调整过度，对图像造成的边缘性的颜色误伤。

这种去边方法，对新手和图像出现小面积颜色镶边条纹很好用，不易伤及图像周边颜色，不会出现调整过度现象，缺点是大幅地增加了工作量。

(1)再次打开腊梅花案例，在工具栏中选择"调整画笔"工具(快捷键为K)，"基本调整"面板自动切换成"调整画笔"面板。

在"调整画笔"面板选项中，双击"去边"控件"⊕"图标，让"去边"效果的预设量快速到达+100。双击加号或减号图标，好处是让其他控件滑块快速重置为零，调整控件滑块快速达到预设量。双击任意控件滑块，可单独将其重置为零。

(2)画笔"大小"设置为5，"羽化"、"流动"和"浓度"保持默认值。单击腊梅花树干最上方内侧，按住Shift键，在树干内侧下方再次单击，两点连成一线完成分段去边命令。

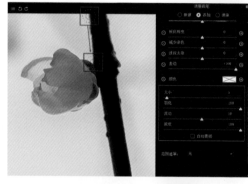

(3)在腊梅花圆形花蕾边缘精心涂抹，颜色镶边条纹完全消失。

(4)图像校正前后效果对比如下图所示。

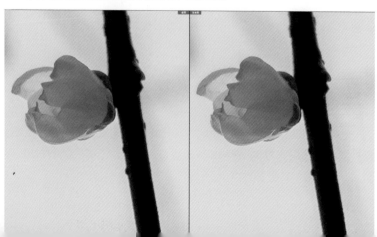

二、镜头校正高级使用技法

1.自动校正镜头畸变和镜头晕影技法

(1)打开案例图像，在"图像调整"选项栏中单击"镜头校正"，选择面板中的"配置文件"。

(2)勾选"启用配置文件校正"。Camera Raw 依据图像的元数据，查找图像拍摄所使用的相机和镜头，并在其内部数据库中，搜索匹配的配置文件，对图像镜头畸变和晕影进行自动校正。

(3)四角的晕影得到很好的校正，校正前后效果对比如下图所示。

2. 手动校正镜头畸变和镜头晕影技法

(1)当使用广角镜头拍摄时，图像的畸变和晕影比较严重。

(2)单击"镜头校正"并选择面板中的"配置文件"，勾选"启用配置文件校正"，对图像进行畸变和晕影校正。

(3)如果校正效果还不满意，再对图像进行手动校正。图中客车的畸变没有校正好，图像的角落还存在晕影，显然，需要手动增加校正量。

"校正量"选项里有两个控件，一个是"扭曲度"，默认值为100。在自动校正镜头畸变时，它应用了100%的配置文件对图像的失真校正，大于100的值将应用更大的失真校正，小于100的值将应用更小的失真校正。另一个控件是"晕影"，默认值也是100。在自动校正镜头晕影时，它应用了100%的配置文件对图像的晕影校正，大于100的值将应用更大的晕影校正，小于100的值将应用更小的晕影校正。

在"校正镜头"面板底部有"显示网格"控件，勾选后，图像会出现网格辅助线，拖动"显示网格"控件滑块，可以改变网格的疏密度，使网格线的线条和图像失真的横线或竖线保持相对吻合，方便查看图像校正畸变效果。缺点是校正后要及时取消"显示网格"，否则会影响查看效果。

　　有一种方法，可以让"显示网格"控件即时显示瞬时消失。Windows系统下按住 Alt 键（Mac 系统下按住 option 键）拖曳"扭曲度"滑块至200，网格辅助线即时显示，协助完成图像的桶形失真校正。松开鼠标，网格辅助线瞬时消失。

　　（4）拖曳"晕影"滑块至125，图像的晕影得到完美校正。

　　（5）在"镜头校正"面板"手动"选项中，也有一个"扭曲度"控件，它的默认值是0，在这里还可以使用正负100的值对图像应用更大的失真校正。

(6) 手动选项中，也有一个"晕影"选项，里面包含两个控件：一个是"数量"控件，它的默认值为0，还可以使用正负100的值对图像的晕影进行添加或减少；另一个是"中点"控件，只有当"数量"滑块有变化时，"中点"控件才能使用，它的默认值是50，控制晕影由中心向周边渐变的范围。

在这张图像中，给图像添加了–15的"晕影"，并将"中点"控件滑块拖曳至0，完成了给图像制造均匀晕影的效果。

(7) 校正前后效果对比如右图所示。

3. 手动设置"配置文件"对图像进行校正技法

有些图像缺少Exif元数据信息，Camera Raw无法为图像自动查找匹配的"配置文件"，需要手动设置"配置文件"对图像进行镜头畸变和晕影校正。

(1) 例图使用德国福伦达 VM 12mm f/ 5.6 Ultra Wide Heliar Aspherical 定焦拍摄，由于镜头是手动对焦头，没有电子触点，图像元数据无法记录镜头的详细信息，勾选"启用配置文件校正"控件无效。

(2) 展开"制造商"菜单选项，选择镜头制造商福伦达"Voigtlander"。

(3) 展开"机型"菜单选项，选择镜头型号"Voigtlander VM 12mm f/5.6 Ultra Wide Heliar Aspherical"。

(4) "配置文件"指定为：Adobe（Voigtlander VM 12mm f/5.6 Ultra Wide Heliar Aspherical）。

(5) 将"晕影"降至78，对图像的晕影重新修正。

(6)展开"设置"菜单,选择"存储新镜头配置文件默认值"。Camera Raw再打开此款镜头拍摄的图像,将把Adobe(Voigtlander VM 12mm f/5.6)作为它的默认值。

如果对设置不满意,可选择"重置镜头配置文件默认值"。在"设置"子菜单中,默认值和自动效果一样,都是应用了100%的配置文件对图像的失真进行校正。

(7)选择完成后,设置选项由"自定"转换为"默认值",单击面板底部的"完成"保存预设。

4. 鱼眼镜头畸变的校正技法

鱼眼镜头是一种焦距为16mm或更短、并且视角能达到180°或230°的镜头。使用鱼眼镜头拍摄的图像,具有非常强烈的透视效果和震撼的视觉冲击力,因光学原理产生的畸变(桶形失真)也就越强烈。如何校正使用鱼眼镜头拍摄的图像,也成了很多摄影师棘手的问题。

(1)打开使用鱼眼镜头拍摄的图像,在"镜头校正"面板"配置文件"选项中,勾选"启用配置文件校正"。

(2)不可思议的效果出现了,Camera Raw 依据图像的元数据,查找拍摄图像所使用的相机和镜头,并在其内部数据库中,搜索匹配的配置文件,对鱼眼镜头畸变做出了接近完美的校正。

(3)数据库缺少内置"配置文件"校正技法。

这张图片，使用俄罗斯泽尼塔尔ZENITAR 16mm f/2.8镜头拍摄，遗憾的是Camera Raw数据库里没有它的内置"配置文件"。

(4)可以借用相近的适马Sigma DG 15mm f/2.8镜头来校正图像，并将"扭曲度"调至89，图像的畸变得到了有效的校正。

5. 变换工具校正图像透视倾斜高级使用技法

图像透视倾斜的原因有很多种：相机与拍摄对象不在一个水平面上，向上倾斜或向下倾斜；摄影师的站位与拍摄对象呈一定的夹角；相机本身不能水平面垂直；使用的镜头不合适等。不管什么原因，"变换工具"面板控件都能对图像透视倾斜进行有效校正。

(1)打开案例图像，在"工具栏"中单击"变换工具"（快捷键Shift+T）。

在校正图像透视倾斜前，先对图像应用"镜头校正"面板中的"删除色差"和"启用配置文件校正"，图像中防盗窗边缘的蓝色颜色镶边条纹被去除，校正了轻微的镜头畸变，有利于"Upright"模式更好地分析图像，更加精确地进行透视倾斜校正。

如果，没有对图像应用"启用配置文件校正"，Camera Raw 会在启用"变换工具"控件之前提醒！

如果应用了"Upright"模式对图像进行透视倾斜校正，而没有对图像应用"启用配置文件校正"，Camera Raw 会在"变换工具"面板中提醒，单击"更新"，让"Upright"在镜头畸变校正后的基础上，再重新分析图像，纠正之前的错误。

在"变换工具"面板中，有五个可用的"Upright"模式，对图像进行自动修复透视和手动绘制参考线修复透视。应用"Upright"模式，还可以手动修改"Upright"模式中的控件滑块设置，进一步校正图像。

关闭：禁用"Upright"模式。

自动：应用一组平衡的透视校正。

水平：应用透视校正以确保图像处于水平位置。

纵向：应用水平和纵向透视校正。

完全：应用水平、纵向和横向透视校正。

通过使用参考线：允许在照片上绘制两条或多条（最多四条）参考线，标示出需与水平轴或垂直轴对齐的图像特征，进行自定义透视校正；绘制了至少两条以上参考线，透视倾斜效果才会显现。

(2)使用"Upright"自动模式，图像透视倾斜得到了完美的校正。

至于使用哪种"Upright"模式，没有固定的答案，可以逐一切换，直到满意为止。笔者比较喜欢自动模式，因为它是"老好人"懂得平衡。

(3)对案例图像应用了"Upright""水平"模式，确保图像处于水平位置是它的强项。

(4)对案例图像应用了"Upright""纵向"模式，纵向透视校正是它的优点。

(5)对案例图像应用了"Upright""完全"模式,应用水平、纵向和横向透视校正是它的长处。

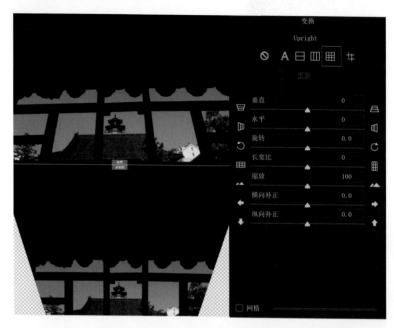

(6)当以上4个"Upright"模式,校正效果不能令人满意时,可以手动绘制参考线对图像进行校正。

①选择"Upright"参考线模式,鼠标指针在调整窗口中显示 ⊹ 瞄准器,在图像的垂直线起始点处拖曳出参考线。

要精确地绘制参考线,可以勾选面板底部的"放大镜",用来协助完成绘制。

②当绘制第二条参考线时,Camera Raw才会对图像进行透视倾斜校正。

③当绘制第3条参考线时，就会彻底感受到参考线的魔力所在。

想观看校正后的效果，不想被参考线干扰，可以取消勾选面板底部的"叠加"选项。

(7)当所有的"Upright"模式校正效果，不能令人满意时，可以使用面板中7个校正控件，对图像进行手动校正。

①垂直：修正照片纵向的透视畸变。向左（右）滑动可以让图像中的景物前倾（后仰），达到校正目的。

打开案例图像，Windows系统中按住Alt键（Mac系统中按住option键）即时显示网格辅助线，拖曳"垂直"控件滑块至61，图中三塔得到有效校正。

②水平：修复水平方向上的透视倾斜。

这张图像应用了"Upright"纵向模式，但是图像横向偏右，将"水平"滑块拖曳至–8，图像被校正。

③旋转：调整照片水平倾斜角度，向左（右）侧移动滑块可以逆时针（顺时针）旋转照片。

Windows系统中按住Alt键（Mac系统中按住option键）即时显示网格辅助线，将"旋转"控件滑块拖曳至+1.9，图像被校正。

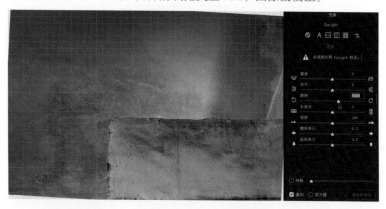

④长宽比：校正图像的长宽比。向左（右）滑动，照片会被横向拉长（纵向拉长）、变扁（变瘦）。

先对图像应用"启用配置文件校正"，并对案例应用了"Upright"完全模式，校正效果令人满意。

　　将"长宽比"滑块拖曳至+100，图像被横向拉长、变扁的畸变得到校正。

　　⑤缩放：控制照片放大或缩小，向左（右）侧滑动可以缩小（放大）视图。

　　将"缩放"滑块拖曳至94，图像因校正处理，边缘被放大舍弃的影像被召回。

⑥横向补正：横向移动照片。

图像右边没有内容，将"横向补正"控件滑块向右拖曳至7.0，图像左边内容丰富起来。

⑦纵向补正：纵向移动照片。

将"纵向补正"控件滑块向右拖曳至3，图像房顶面积被减少，地面空间被扩展。

⑧校正前后效果对比图。

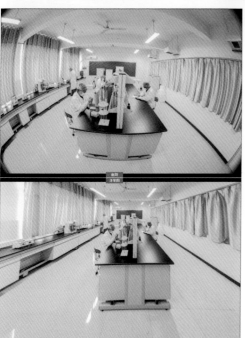

第四节 清除照片中的"红眼"

　　"红眼"是由于使用相机闪光灯拍照，拍摄对象瞳孔放大而产生的视网膜泛红现象。幸运的是，在Camera Raw中清除照片中的"红眼"，十分简单有效。

一、去除人物"红眼"

1. 在Camera Raw中打开案例图像，单击工具栏中"红眼去除"工具 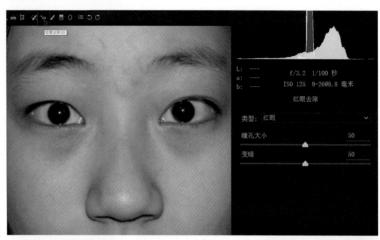 (快捷键为E)，基本调整面板自动切换成"红眼去除"面板，"瞳孔大小"值，可调节增大或减小受"红眼"工具影响的区域；"变暗"值，可设置校正区域的明与暗。

2. 在"红眼"周围拖移一个二倍于巩膜的选区。

3."红眼去除"工具出色地完成去除"红眼"任务。

4. 这时，需关闭"显示叠加"（暂时隐藏红白方框虚线矩形，查看后再将其打开），查看"红眼"是否完全被去除。放大图像，发现巩膜上方还有淡淡的红色，将"瞳孔大小"滑块向右拖曳至63，巩膜上方的红色完全消失。将"变暗"滑块向右拖曳至63，使修复后的瞳孔边缘和周边融合一致。

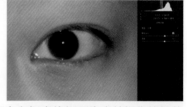

5. 去除右眼"红眼"技法同上，红白方框虚线矩形为当前操作编辑状态，白方框虚线矩形为闭合状态，单击即可激活。按Delete键删除当前操作，若删除全部操作，单击"红眼去除工具"面板底部的"清除全部"。

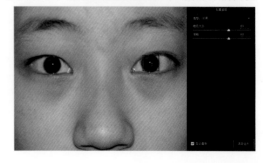

6. 如果在"红眼"周围拖移选区较小，工作量将加大。

7. 对未完成的选区，需要手工拖动，协助去除"红眼"任务。

8. 如果拖移选区很小，去除红眼工作将无法完成。

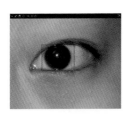

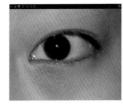

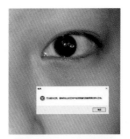

二、去除宠物"红眼"

1. 给宠物去除"红眼"时，在"类型"选项中选择"宠物眼"。

2. 去除"红眼"技法同上，不要取消"添加反射"光的勾选，反射光可为宠物眼睛增添镜面高光的效果。

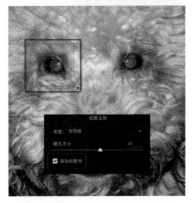

3. 取消"添加反射光"的勾选，宠物眼睛会暗淡无神。

第五节 创建初始化快照——还原点

"快照"面板可以用于存储不同版本的Camera Raw任意时间的状态。也就是说，使用不同Camera Raw版本，对图像所做的任何编辑调整，都可以存储在"快照"面板里。通过"快照"面板，可以轻松地查阅在不同时间段，对图像进行的各种编辑调整效果。

可以为图像创建n个快照，而创建快照所占用的内存空间可以忽略不计，这是创建图像快照的最大优势。

1. 对图像进行以上几节操作调整后，便可以在Camera Raw中，为图像创建初始化快照——还原点。

该图像污点太多，去除污点工作耗时耗力，很有必要将清除后的效果存储为初始化快照。当您想对图像进行重新调整时，只要创建初始化快照——还原点，便无须再重新去除污点。（对比图开了"使位置可见"选项）

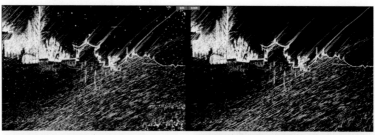

2. 在图像调整选项栏中，选择"快照"图标。

3. 单击"快照"面板底部"新建快照"控件（Windows系统的快捷键为Ctrl+shift+S，Mac系统的快捷键command+shift+S）。

4. 在弹出的"新建快照"对话框中，键入"还原点"名称，并单击"确定"保存快照，该快照显示在"快照"面板列表中。

5. 如果在创建初始化快照——还原点后，又对图像进行了部分编辑调整，仅需在"快照"面板"还原点"处，右键单击，在弹出的对话框中选择"使用当前设置更新"更新还原点，亦可对其重新命名或删除快照。在"快照"面板底部单击回收站图标🗑也可将其删除。

6. 在快照面板中，可以为图像创建n个快照。单击输出栏中的"完成"或"打开图像"，才能真正保存创建的快照！

RAW 是专业摄影师必用的格式，它完整地记录了数码相机传感器的原始信息，同时记录了由相机拍摄所产生的一些元数据，是未经处理、未经压缩的格式，被形象地称为"数字底片"。在 Camera Raw 中可以大幅度地对图像进行编辑调整，充分发挥 RAW 格式文件的宽容度，所有的编辑调整都是非破坏性的，是真正意义上的无损调图，并且一键调图容易上手。当然，Camera Raw 也可以调整为 JPEG 或 TIFF 文件。

03

第三章 基础调整工具使用技法

50879

第一节 Camera Raw 裁剪高级使用技法

在Camera Raw中，对RAW格式文件进行裁剪，可以随时修改裁剪决定或者保存几种裁剪方式（快照）；如果裁剪后的图像文件较小，在Camera Raw中可以扩展原始文件的大小，满足输出打印或参赛的要求。

一、拉直工具高级使用技法

1. 全自动双击技法

打开案例图像（Windows系统的快捷键为Ctrl+R，Mac系统的快捷键为command+R），双击工具栏中的"拉直工具" ▣（快捷键A），Camera Raw 会自动查找图像的水平线，自动拉直并自行启动"裁剪工具"做出最佳裁剪选择，在图像预览窗口中双击或按Enter键完成裁剪命令。

（亦可选择"拉直工具"，在图像上双击两次，完成拉直并裁剪命令，取消裁剪按Esc键。）

52

2. 手动绘制法

当使用大光圈拍摄的图像，背景的线条呈现模糊状态时，Camera Raw无法自动查找图像的水平线，"拉直工具"不能完成拉直命令。需要手动绘制图像的水平线，协助完成拉直命令。

二、旋转图像高级使用技法

1. 单击"工具栏"中的"逆时针（向左）旋转图像90度" （快捷键为L），或者单击"顺时针（向右）旋转图像90度" （快捷键为R），可以旋转图像。

2. 两次单击达到更加艺术化的目的。

3. Windows系统中按住 Alt 键(Mac 系统中按住 option 键),"逆时针(向左)旋转图像90度"切换成"水平翻转图像"图标,单击实现图像水平翻转命令。

4. Windows系统中按住 Alt 键(Mac系统中按住 option 键),"顺时针(向右)旋转图像90度"切换成"垂直翻转图像"图标,单击实现图像垂直翻转命令。

三、裁剪工具高级使用技法

1. 打开案例图像,选择工具栏中的"裁剪工具" ,在图像预览中单击右键,在弹出的菜单选项中做如下选择:

(1)选择裁剪预设比例,也可不做任何选择自由裁剪。

(2)勾选"显示叠加","三分法则"辅助线会显示在裁剪框中。

(3)勾选"限制为图像相关",防止将裁剪区域扩展到因镜头校正或接片产生的透明像素。如果某些透明像素需要在Photoshop中填充修补,请取消勾选。

2. 在自由裁剪模式下,单击并拖动鼠标,按住Shift键可即时限制当前的裁剪比例,图像中灰暗区域将被舍弃。

在选择裁剪比例时,拖动并保持裁剪边框锚点方向,可改变裁剪横竖比例;Windows系统中按住Shift+Alt键(Mac系统中按住shift+option键)拖动裁剪边框锚点,可实现以图像中心为圆点,向周边扩展或收缩裁剪区域。

3. 裁剪时，可以在裁剪边框四角的锚点上缩放或旋转裁剪图像，单击裁剪区域可以移动裁剪范围。

4. 在"裁剪工具"菜单选项中，有一项"自定裁剪"选择，可以将图像裁剪成更多传统经典胶片相机尺寸，或更加个性化的尺寸。

5. 裁剪确定，按Enter键或在图像上双击，取消裁剪可按Esc键或者单击右键选择"清除裁剪"。

6. 常用的一种取消裁剪的方式：当"裁剪工具"处在激活状态时，在画布上单击取消裁剪。

7. 在"输出栏"选项里单击"完成"或"打开图像"进入 Photoshop，裁剪后的图像将被保存，Bridge 中的缩略图和预览图都会做出相应的更新。

第二节 白平衡校正高级使用技法

相机能准确地记录拍摄场景的光照色温，在光线灰暗或室内拍摄时，图像的白平衡往往会出现记录不准确的情况。比如，在室内日光灯色温下，图像会偏绿，阴影处会偏蓝；在钨丝灯光照下，图像会偏黄；而在舞台拍摄时，由于多种光线的反射，使物体呈现更多的色彩。由于 RAW 格式完整地记录了影像的所有颜色和明度信息，所以在 Camera Raw 中可以轻松校正。

一、"白平衡工具"校正技法

使用"白平衡工具"校正图像中的偏色，既快捷又准确。只要图像中存在黑色、白色或中性灰色，"白平衡工具"就能发挥它的强大校正能力。Camera Raw 依据拍摄场景的光线颜色，自动对场景光照进行调整，并指定选取点为黑色、白色或中性灰色。

1. 打开案例图像，单击"工具栏"中的"白平衡工具" （快捷键为 I）。

2. 单击图中黑色上衣部分，色温可以得到很好的校正。如果校正效果不满意，可以移动选取点，直到满意为止。

取消白平衡校正，只要在"白平衡工具"图标上双击即可。

3. 选择"白平衡工具"并在图像预览窗口中右键单击，可即时访问"白平衡"控件内置预设选项。

二、利用控件内置预设校正白平衡技法

"白平衡"控件位于基本调整面板顶部，内置预设分别为：

①原照设置，相机拍摄时镶入图像元数据条目中的光照色温。

②自动，依据图像元数据条目中的光照色温，Camera Raw通过计算自动校正白平衡。

③日光，基于日光光照色温校正白平衡。

④阴天，基于阴天光照色温校正白平衡。

⑤阴影，基于阴影光照色温校正白平衡。

⑥白炽灯，基于白炽灯光照色温校正白平衡。

⑦荧光灯，基于荧光灯光照色温校正白平衡。

⑧闪光灯，基于闪光灯光照色温校正白平衡。

⑨自定，对色温、色调的个性化手动调整。

1. 案例选用白平衡控件内置预设"自动"，Camera Raw自动计算校正能力令人满意。

有一种炫酷的技法,应用图像的白平衡校正:按住Shift键,在"色温"、"色调"控件滑块上双击即可，效果等同于"自动"。

2. 案例选用内置预设"荧光灯"，虽然，光照色温和拍摄情景不符合，但校正效果能够有效表达摄影师的拍摄意图。

3. 在校正 JPEG、TIFF 或 HEIC 格式文件时，"白平衡"控件内置预设只有自动可用，可以手动调整啊"色温"、"色调"控件滑块对图像进行白平衡校正。但是，此时的控件滑块不是实温调整滑块（开氏2，000度到开氏50，000度），而是范围为–100到+100的近似刻度来代替温标。

色温：向左移动滑块，给图像添加冷色调减少暖色调；向右滑块，给图像添加暖色调减少冷色调。

色调：向左移动滑块，给图像添加绿色色调减少洋红色色调；向右移动滑块，给图像添加洋红色色调减少绿色色调。

将案例图像"色温"滑块拖曳至–100，"色调"拖曳至–41，完成手动校正白平衡。

4. 个性化白平衡校正技法

将案例图像"色温"滑块拖曳至3200，"色调"拖曳至+15，有意强化了冷色调，给图像添加了神秘的气息。

（在"白平衡"控件内置预设中选择"原照设置"，或双击"白平衡校正"工具，可取消白平衡校正。）

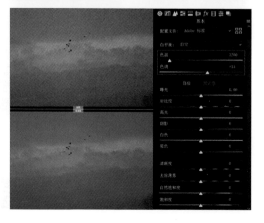

第三节 基础调整工具使用技法

初入Camera Raw的新手，面对基本调整面板如此多的控件滑块，会不知所措。为协助读者打开驾驭控件的潘多拉盒子，先不谈控件滑块的具体作用，而是先推荐三种炫酷的调图方式。

一、"懒汉"调图法

打开案例图像，单击基本调整面板顶部"自动"控件图标（Windows系统的快捷键为Ctrl+U，Mac系统的快捷键为command+U）。

Camera Raw 将读取图像的元数据信息，对图像的影调和色调进行分析，并命令"影调"和"色调"控件滑块做出相应的调整，效果令人满意。

二、"半自动"调图法

如果Camera Raw读取图像的元数据信息，对基本调整面板的控件单独分析，并命令控件滑块做出相应的调整，效果一定比"懒汉"调图效果好，更加炫酷。

整个基本调整面板的控件滑块，除了"清晰度"和"去除薄雾"控件滑块不可双击外，按住Shift键并逐一双击控件滑块，精彩将出现在双击瞬间。

要使单个控件滑块恢复默认值，可在滑块上双击；要使所有控件滑块恢复默认值，可单击"基本"调整面板顶部的"默认值"（Windows系统的快捷键为Ctrl+R，Mac系统的快捷键为command+R）。

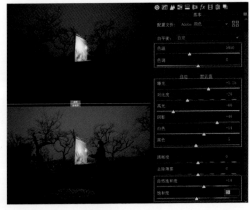

三、"混搭"调图法

"混搭"调图法，就是在"懒汉"调图法的基础上，再对"基本"调整面板的"白色"和"黑色"控件滑块应用"半自动"调图法。这两个控件滑块在"半自动"调图法模式下调整效果尤为突出。

1. 先对图像应用"懒汉"调图法，单击"自动"。

2. 按住 Shift 键，在"白色"和"黑色"控件滑块上双击，"白色"由+41修正为+61，"黑色"由-20修正为-28。

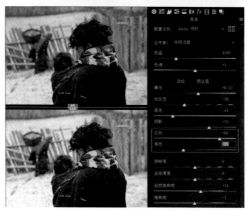

四、基本调整面板各控件工作原理

开启手动调整模式，除了需要对图像有调整前的构思，还需要详细了解基本调整面板各控件的工作原理。

1. 调整控件影响直方图对应区域图析

从调整控件影响直方图对应区域图析中，可以看到控件调整将主要影响直方图的实际区域。

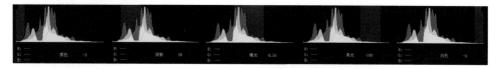

Camera Raw 允许在直方图上直接对图像进行影调调整（在直方图相应区域单击并左右拖曳），除效果炫酷外，还可以让使用者详细了解各控件滑块的工作原理。

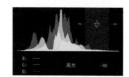

2. 基本调整面板控件滑块工作原理

(1)"影调"控件滑块工作原理

①曝光，调整整体图像亮度。它很像相机里的曝光补偿，照片过暗，要增加EV值；照片过亮，要减小EV值。

②对比度，增加或减少图像的反差，主要影响中间调。在增加对比度时，中到暗图像区域会变得更暗，中到亮图像区域会变得更亮。降低对比度时，对图像色调的影响相反。

③高光，调整图像的明亮区域。向左拖动可使高光变暗恢复高光细节，向右拖动可使高光变亮并逐渐失去高光细节。

④阴影，调整图像的黑暗区域。向左拖动使阴影变暗，向右拖动使阴影变亮并恢复阴影细节。

⑤白色，调整白色修剪。向左拖动可减少对高光的修剪，向右拖动可增加对高光的修剪。

⑥黑色，调整黑色修剪。向左拖动使黑场更黑，向右拖动可减少对阴影的修剪。

⑦清晰度，通过提高局部对比度来增加图像的深度，对中间色调的影响最大。它类似于曲线调反差，但是它把图像分成n个小组分别精确调整。调整时，最好将图像放大至100%，要使冲击力更强，可增大数值，直到在图像的边缘细节附近看到光晕时再略微减小设置；减小数值时，对图像冲击力的影响相反。

⑧去除薄雾，增减照片中薄雾或雾气的量。

(2) 色调控件滑块工作原理

①自然饱和度，该调整对原饱和度较高的颜色影响较小，对原饱和度较低的颜色影响较大。

②饱和度，均匀地调整所有图像颜色的饱和度。

3. 选择处理图像的方式

"处理方式"位于基本调整面板的最顶部，可以选择处理图像的方式——"颜色"或"黑白"，默认设置为"颜色"。

4. 将配置文件应用于图像

(1) "配置文件"可以在照片中渲染颜色和色调。基本面板的"配置文件"区域中提供的配置文件旨在为进行图像编辑提供一个起始点或基础，默认配置文件为"Adobe颜色"。

(2) 单击右侧的"浏览配置文件"图标 ，可以查看全部的配置文件。单击"配置文件浏览器"面板右上角的"关闭"，返回到基本调整面板。

在"配置文件浏览器"中，展开任意配置文件组以查看该组内可用的配置文件。可以选择

"列表"或"网格"（应用效果缩览图）方式查看配置文件，还可以按"类型"（"颜色"或"黑白"）来过滤要显示的配置文件。

(3)Camera Raw工程师煞费心思，对各种相机进行了无数次的测试，力求达到完美的相机光谱响应曲线，使图像色彩得到最佳的呈现—"Adobe Raw"Adobe配置文件（极力推荐）。

(4)每款相机拍摄的图像都有自己独特的脸谱，并配有相机制造商默认的颜色渲染匹配设置—"Camera Matching"相机配置文件。使用相机配置文件，可以让Camera Raw更加准确地解析与相机制造商软件所应用的默认颜色渲染匹配的设置，还会匹配默认相机JPEG格式文件的渲染。

(5)相机不
同，配置文件不
尽相同；同一品
牌的相机因型
号不同，配置文
件也有差异。

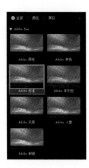 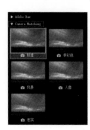 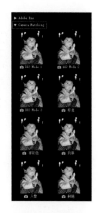

(6)配置文件有"老式"组，这是因为Camera Raw为了照顾老客户而保留的配置文件。如果Camera Raw将这些早期版本舍弃，老客户的原始文件在Camera Raw中打开会出现因找不到相机配置文件而产生图像问题。这是Camera Raw为了保持向后兼容性而做出的选择。

(7)具体选用哪种配置文件确实没有固定的答案，适合的才是最佳的。

五、"个性化"手动调整模式

1. 把这张图制作成中间调偏低的图像，渲染色彩，为影像增加感染力。

展开"配置文件浏览器"，在 Adobe Raw 组别中选择"Adobe 风景"单击"关闭"，返回到"基本"调整面板。

2. 图像中间调偏高，将"曝光"滑块移至-0.30。

3. 图像中间调发灰，将"对比度"滑块移至+26。

4. 图像高光区域偏亮，将"高光"滑块移至−88，恢复高光的细节。

5. 图像暗部区域细节不丰富，将"阴影"滑块移至+100。

6. 将"白色"滑块移至+14，和鸟儿产生反差，形成视觉中心。

7. 图像暗部区域不够完美，将"黑色"滑块移至−4。

8. 将"清晰度"滑块移至+53，增加图像中间调的反差，使图像具有冲击力。

当图像有清晰锐利的边缘时，将图像放大至100%，防止图像边缘出现白色晕影。

9. 将"去除薄雾"滑块移至+8，图像更加通透。

10. 图像的色彩渲染力不够，将"自然饱和度"滑块移至+84，图像中的冷色调和暖色调活跃起来。

11. Wdindows系统中按住Alt键（Mac系统中按住option键）并分别拖曳"曝光"和"黑色"滑块，查看图像的阈值，发现极少区域出现高光、阴影剪切警告，它们本身没有细节，具有合理性。

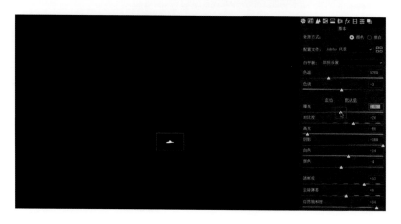

六、"压黑提白"调图法

"压黑提白"调图法，是笔者独具创意的一种调图方法。除图像主体处在光影之中，陪体处于阴影之中这种情况外，都可以使用"压黑提白"调图法。压黑就是降低"曝光"控件值，提白就是提高"白色"控件值。

1. 主体处在光影之中

(1)打开案例图像，展开"配置文件浏览器"，在 Adobe Raw 组别中选择"Adobe 风景"，单击"关闭"，返回到"基本"调整面板。

(2)将"色温"滑块拖曳至5550，给图片增加一些暖色调。

(3)将"色调"滑块拖曳至+9，给图片增加洋红色减少绿色。

(4)将"曝光"滑块拖曳至-3.15，给图片压黑。

(5)将"白色"滑块拖曳至+82，提白图片。

(6)将"清晰度"滑块拖曳至+10，增加图片中间调的反差，使图片纵深感增强。不宜增加过多数值，不然，阴影区域会活跃起来。

(7)将"自然饱和度"滑块拖曳至+50，让图片中不丰富的色彩显现。

第三章 基础调整工具使用技法

2. 主体处在阴影之中

(1) 这张图片主体处于阴影之中，陪体在光影之中，符合"压黑提白"调图法的情况。

(2) 将"曝光"滑块拖曳至-4.40，让主体彻底出现阴影剪切。

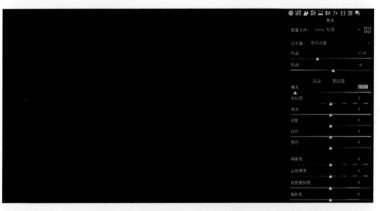

(3) 将"白色"滑块拖曳至+85，让图片黑白分明，完成调整。

第四节 目标调整工具高级使用技法

目标调整工具是Camera Raw最具传奇色彩的影调和色调调整工具，它包含了"参数曲线"、"色相"、"饱和度"、"明亮度"和"黑白混合"控件，掌管全部的"HSL/调整"面板控件，接管了"色调曲线"的半壁江山，接纳了基本调整面板中的黑白处理方式。所以，在"目标调整工具"控件里，可以实现对图像色彩的精确把控和影调的细微调整。

首先解析"目标调整工具"控件工作原理：

①参数曲线目标调整工具，类似Photoshop中曲线调整，操作更简单快捷。

②色相，更改颜色。

③饱和度，更改颜色的鲜明或纯净程度。

④明亮度，更改颜色范围的亮度。

⑤黑白混合，控制指定区域颜色范围在明度中的亮与暗（选择黑白处理方式，控件方可激活）。

一、"HSL 调整"高级使用技法

1.打开案例图像，在"基本"调整面板中，先对图像进行如下设置："配置文件"为"Adobe风景"、"对比度"+11、"高光"–57、"阴影"+31、"白色"+8、"黑色"–43、"清晰度"–23、"自然饱和度"+40。

2. 单击工具栏中的"目标调整工具" （快捷键为T），在图像预览中，右键单击在弹出的对话框中选择"色相"，基本调整面板会自动切换成"HSL/调整"面板，并显示相应控件选项。

3. 单击"色相"准备调整桃花颜色，即向右拖曳至"红色"+31、"洋红"+100。向右（上）拖曳会增加控件数值；向左（下）拖曳会减少控件数值，相近的颜色滑块也将随之改变。

单击选取点并拖曳，是最精确查找颜色的方式，它知道选取点内每种颜色的百分比，肉眼无法分辨。

4. 右键单击在弹出的对话框中选择"饱和度"，按住同一选取点并向右拖曳至"红色"+27、"洋红"+88。

5. 右键单击在弹出的对话框中选择"明亮度"，按住同一选取点并向右拖曳至"红色"+7、"洋红"+56。

6. 右键单击在弹出的对话框中选择"饱和度"，按住泥土选取点并向左拖曳至"橙色"–30，"红色"由+27减弱至+25。

7. 右键单击在弹出的对话框中选择"明亮度"，按住泥土同一选取点并向左拖曳至"橙色"–21，"红色"由+7减弱至+5。

8. 右键单击在弹出的对话框中选择"色相"，按住地面小草选取点并向右拖曳至"黄色"+43、"绿色"+24。

经过前几步操作，图片中桃花的玫红色变成了桃红色，地面色彩低调了很多，小草也翠绿了。

二、"参数曲线"高级使用技法

使用目标调整工具中的"参数曲线",调整影调十分便捷,特别有利于初入Camera Raw的新手。

参数曲线有四个调整控件,分别是:"高光""亮调""暗调"和"阴影",参数曲线编辑器下面的分离点滑块,可以扩展或收缩曲线区域范围。"亮调"和"暗调"控件主要影响曲线的中间区域,"高光"和"阴影"控件主要影响色调范围的两端。

1. 再次打开调整后的桃花案例,在工具栏中单击目标调整工具,鼠标右键选择"参数曲线",按住桃花较暗处选取点并向右拖曳至"亮调"+11,桃花的亮度得到提升。

2. 感觉桃花暗部区域还不够明亮,在"参数曲线"编辑器下面,调整中间的分离点滑块,扩展"亮调"控件的调整区域,由默认的50降至43,桃花暗部区域明度可令人满意。

3. 在人物上衣较暗处选取点，按住鼠标并向左拖曳至"阴影"–9，增加图片的反差。

4. 在"参数曲线"编辑器下面，调整左边分离点滑块，扩展"阴影"控件滑块的调整区域，由默认的25扩展至30，反差区域进一步扩大。当然，还可以手动调整"参数曲线"，达到微调的目的。

5. "参数曲线"调整前后效果对比如图所示。

三、人像美白高级使用技法

1. 打开案例图像,在"工具栏"中单击"目标调整工具"。在图像预览中,单击鼠标右键在弹出的对话框中选择"饱和度",按住人像面部颜色最深处并向左拖曳至"红色"–6、"橙色"–14,降低其饱和度。

2. 单击鼠标右键在弹出的对话框中选择"明亮度",按住同一选取点并向右拖曳至"红色"+6、"橙色"+17,提高颜色的亮度值。

3. 通过降低人像面部颜色最深处的饱和度和提高其颜色亮度值,可使人像皮肤得到美白效果。需要提醒的是,千万不要调整过度,否则,人像面部将显得苍白。

第五节 "点"曲线高级使用技法

由于"色调曲线"的半壁江山（参数曲线）被"目标调整工具"掌控，所以这里只讲解"点"曲线的使用技法。

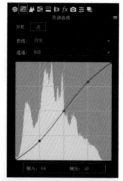

在"点"面板中，水平轴表示原始色调值（输入值），其中最左端表示黑色，越靠近右端色调亮度越高。垂直轴表示更改后的色调值（输出值），其中最底端表示黑色，越靠近顶端色调亮度越高，最顶端为白色。输出值高于输入值，影调变亮，反之影调变暗。

在"点"面板"曲线"选项中，有"线性"（45°斜线为默认值）"中对比度""强对比度"。手动调整对比度时，选项为"自定"。

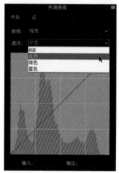

在"点"面板"通道"选项中，有"RGB"通道（合成通道）、"红色"通道、"绿色"通道、"蓝色"通道，可对影调和色调进行精细调整。

一、"点"曲线调整图像反差的高级使用技法

1. 增加对比度

(1)打开案例图像，在"基本"调整面板中，先对图像进行如下设置：

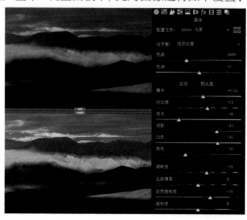

"配置文件"为"Adobe 风景"、"曝光"+0.55、"对比度"+21、"高光"-46、"阴影"+43、"白色"+45、"黑色"-30、"清晰度"+20、"自然饱和度"+28。

(2)在"点"面板中，Windows系统中按住Ctrl键（Mac系统中按住command键），指针在图像预览中会自动切换成滴管工具，在图像最亮处单击，会在曲线上创建相应选区的调整点（"输入"值222）。

(3)Windows系统中按住Ctrl键（Mac系统中按住command键），在图像明亮处单击，创建调整点（"输入"值171）。

(4)Windows系统中按住Ctrl键（Mac系统中按住command键），在图像中间调处单击，创建调整点（"输入"值127）。

(5)Windows系统中按住Ctrl键（Mac系统中按住command键），在图像阴影处单击，创建调整点（"输入"值84）。

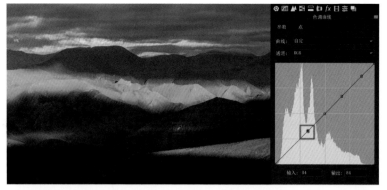

(6)Windows系统中按住Ctrl键（Mac系统中按住command键），在图像最暗处单击，创建调整点（"输入"值20）。

(7)单击加号"+"或减号"–"键（英文输入法）选择图像最亮调整点，按方向键向上箭头使"输出"值为229。

Windows系统中按住Ctrl键（Mac系统中按住control键）并单击Tab键，向上查找调整点；Windows系统下按住Ctrl+Shift键（Mac系统中按住control+shift）单击Tab键，向下选择调整点。

(8)选择调整点，按方向键使图像明亮处、中间调、阴影、最暗调整点"输出"值依次为183、122、68、10。

(9)图像反差得到加强，但是中间调和阴影明度还是偏高。找到阴影调整点，按住Shift键并单击中间调调整点，同时选择两个调整点，按方向键使整体输出值下降-7（使用此方法，可同时选择更多调整点）。

(10)Windows系统中按住Ctrl键（Mac系统中按住command键），当鼠标靠近调整点时，指针自动切换成剪刀工具，单击可删除调整点。单击调整点拖曳出曲线外也可删除，要删除全部调整点，可在"曲线"选项中选择"线性"。

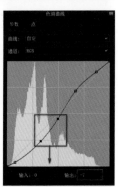

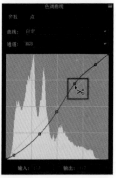

(11)增加对比度前后效果对比如图所示。

2.降低对比度

有些图像不仅不能增加对比度，反而需要降低对比度，保留灰度给图像增添渲染的气氛，使图像更具感染力。

(1)打开案例图像，展开"点"面板，单击加号"+"键（英文输入法)选择图像黑色调整点，在"输出"栏中直接键入51。

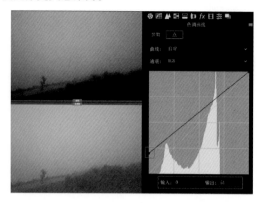

(2)Windows系统中按住Ctrl键(Mac系统中按住command)在图像阴影处单击创建相应调整点("输入"值52)，将"输出"值91修正为100。

(3)Windows系统中按住Ctrl键(Mac系统中按住command键，在图像高光处单击创建调整点，将"输出"值196修正为172，保持高光影调不变。

(4)调整前后效果对比如图所示。

二、"点"曲线调整色调的高级使用技法

1.添加冷色调

(1)在通道选项中选择"蓝色"通道,Windows系统中按住Ctrl键(Mac系统中按住command键),在图像高光处单击创建相应调整点,按方向键向上箭头使"输出"值升至183,给图像添加蓝色,反之添加黄色。

(2)选择"红色"通道,Windows系统中按住Ctrl键(Mac系统中按住command键),在图像高光处单击创建调整点,按方向键向下箭头使"输出"值降至141,给图像添加青色,反之添加红色。

(3)选择"绿色"通道，Windows系统中按住Ctrl键（Mac系统中按住command键），在图像高光处单击创建调整点，按方向键向下箭头使"输出"值降至150，给图像添加洋红色，反之添加绿色。

(4)图像调整前后对比如图所示。

2. 添加暖色调

(1)打开案例图像，在工具栏中选择"颜色取样器工具" ，在图像高光和阴影处分别单击创建颜色取样点。

Windows系统中按住Alt键（Mac系统中按住option键），当鼠标靠近颜色取样点时，指针自动切换成剪刀工具，单击可删除颜色取样点（在本章第七节详解颜色取样器使用技法）。

(2)展开"点"面板，选择"蓝色"通道。Windows系统中按住Ctrl键（Mac系统中按住command键）在颜色取样器1、2处分别单击创建曲线调整点。选择白色调整点，使"输出"值由255降至127，强行给最高光添加黄色；使高光调整点"输出"值由195降至99，让图像高光区域附上更多的黄色；使阴影调整点"输出"值由61降至45，让图像阴影区域附上较少黄色。

(3)选择"红色"通道，操作方法同上。让白色调整点"输入"值由255降至247，给最高光强行添加红色；使高光调整点"输出"值由206升至222，让高光区域附上更多的红色；使阴影调整点不变，让图像阴影区域色调不变。

(4)选择"绿色"通道，操作方法同上。使高光调整点"输出"值由212降至204，让图像最亮处附上洋红色。

(5)图像调整前后效果对比如图所示。

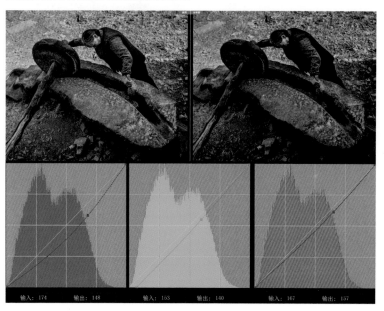

3. 添加单色调、双色调或多色调

(1) 在颜色通道中给黑白影像加入单色调、双色调或多色调，创建自己独特的具有深邃之美的黑白色调。

(2)如果喜欢这种三色调整色调的效果，就把这次的设置保存下来，方便下次使用时直接从点曲线预设中选取调用。

将Camera Raw设置菜单展开，选择"存储设置"。

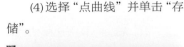

(3)在弹出的"存储"预设选项中，单击"全部不选"。

(4)选择"点曲线"并单击"存储"。

(5)在弹出的"存储设置"文件夹中键入文件名，单击"保存"存储预设。

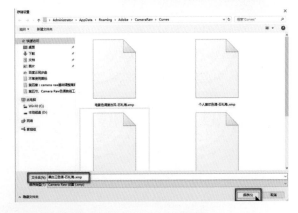

第六节 颗粒和晕影效果高级使用技法

一、颗粒效果高级使用技法

Camera Raw中的颗粒控件，常常被用来制作模拟胶片效果，弥补高ISO带来的高噪点瑕疵或者遮盖将照片进行大尺寸冲印，因差值运算带来的不自然效果。

颗粒效果位于图像调整选项栏"效果"面板中。

①数量：控制应用于图像的颗粒数量，向右拖动可增加颗粒。默认值为0时，以下其他控件为灰色，不可调整。

②大小：控制颗粒大小，默认值为25，更高的值导致底层图像模糊，Camera Raw为了图像和颗粒更好地融合而做出的选择。

3. 添加单色调、双色调或多色调

(1) 在颜色通道中给黑白影像加入单色调、双色调或多色调，创建自己独特的具有深邃之美的黑白色调。

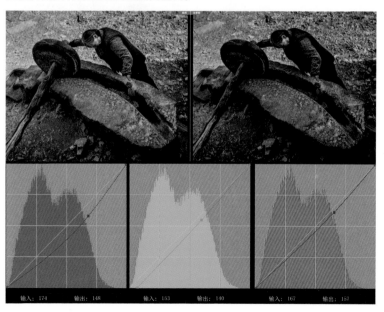

| 输入：174 | 输出：148 | 输入：153 | 输出：140 | 输入：167 | 输出：157 |

(2)如果喜欢这种三色调整色调的效果，就把这次的设置保存下来，方便下次使用时直接从点曲线预设中选取调用。

将Camera Raw设置菜单展开，选择"存储设置"。

(3)在弹出的"存储"预设选项中，单击"全部不选"。

(4)选择"点曲线"并单击"存储"。

(5)在弹出的"存储设置"文件夹中键入文件名，单击"保存"存储预设。

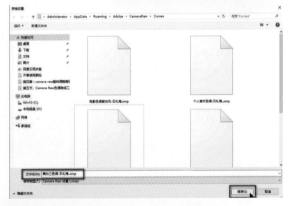

第六节 颗粒和晕影效果高级使用技法

一、颗粒效果高级使用技法

Camera Raw中的颗粒控件，常常被用来制作模拟胶片效果，弥补高ISO带来的高噪点瑕疵或者遮盖将照片进行大尺寸冲印，因差值运算带来的不自然效果。

颗粒效果位于图像调整选项栏"效果"面板中。

①数量：控制应用于图像的颗粒数量，向右拖动可增加颗粒。默认值为0时，以下其他控件为灰色，不可调整。

②大小：控制颗粒大小，默认值为25，更高的值导致底层图像模糊，Camera Raw为了图像和颗粒更好地融合而做出的选择。

③粗糙度：控制颗粒的匀称性，默认值为 50。向左拖动滑块颗粒趋于匀称，向右拖动滑块颗粒趋于不匀称。

1. 弥补高噪点瑕疵

(1)案例图像为高ISO拍摄，噪点较高，并且想大尺寸放大冲印。为了弥补照片中的瑕疵，添加颗粒效果。

(2)添加颗粒效果，最好将图像放大至100%，Windows系统中快捷键为Ctrl+Alt+0（Mac系统中快捷键为command+option+0），或双击"缩放工具"。

设置如下："数量"为50，"大小"为25（为了不让图像变得模糊），"粗糙度"为75。瑕疵被弥补。

2. 模拟胶片颗粒效果

(1)案例图像为乡村行医情景，模拟胶片颗粒效果，是不错的选择。

(2)由于图像画质较好，不需要添加过多颗粒。设置如下："数量"为25、"大小"为20、"粗糙度"为50。

调整后图像具有胶片效果，需要提醒的是：在图像打印过程中，由于图像数据被减少，添加过低的颗粒，效果会流失。

二、裁剪后晕影效果高级使用技法

在Camera Raw中，裁剪后的晕影效果，是摄影师非常喜欢使用的控件之一，可以为图像创建n个晕影效果，彰显它的梦幻特效。

"裁剪后晕影"位于图像调整选项栏效果面板中，有三种"样式"供选择。

①高光优先：在保护高光对比度的同时应用裁剪后晕影，但可能会导致图像暗部区域的颜色发生变化。适用于具有重要高光区域的图像。

②颜色优先：在保留色相的同时应用裁剪后晕影，但可能会导致明亮高光部分丢失细节。

③绘画叠加：将图像颜色与黑色或白色混合来应用效果。适用于需要柔和效果的图像，但可能会降低高光对比度。

"裁剪后晕影"还有"数量"、"中点"、"圆度"、"羽化"和"高光"控件，它们之间密切配合是创建艺术化晕影效果的关键。

④数量：正（负）值使画面中心向周边变亮（变暗），默认值为0，以下其他控件为灰色，不可调整。

⑤中点：数值越高越容易将调整范围限制在图像四角区域，而数值越低会将调整范围向图像的中心区域延伸（默认值为50）。

⑥圆度：正（负）值增强圆形效果（椭圆效果），默认值为0。

⑦羽化：数值增大（降低）将增加（减小）效果与其周围像素之间的柔化，默认值为50。

⑧高光：控制图像高光区域"穿透"程度，为图像高光区域保驾护航，默认值为0（当"数量"控件为负值时，在"高光优先"或"颜色优先"样式中，滑块可用）。

1. 高光优先

(1)给图像添加暗角晕影效果。

操作前，可先在"镜头校正"面板中对图像应用"启用配置文件校正"，去除因镜头原因产生的四角晕影。

在"效果"面板，"裁剪后晕影"默认"样式"为"高光优先"，将"数量"滑块拖曳至-18，给图像添加暗角晕影效果。为了直观晕影分布的区域，将"羽化"滑块拖曳至0。

(2)Windows系统中按住Alt键（Mac系统中按住option键）并拖曳"中点"滑块至13，被添加晕影区域将以最大剂量显示效果，可以更直观地调整控件。

(3)Windows系统中按住Alt键（Mac系统中按住option键）并拖曳"圆度"滑块至–13，确保主题区域不被黑色遮蔽。

(4)Windows系统中按住Alt键（Mac系统中按住option键）并拖曳"羽化"滑块至87，暗角渐变靠近主题时为最佳效果。

(5)Windows系统中按住Alt键（Mac系统中按住option键）并拖曳"高光"滑块至10，暗角高光细节得到轻微恢复。（双击"数量"控件滑块可删除晕影效果。）

(6)图像调整前后效果对比如图所示。

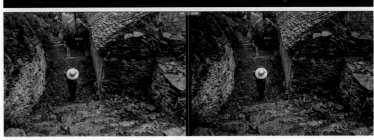

(7) 添加亮角晕影效果。

打开案例图像，添加亮角晕影效果（高光控件不可用），设置为："数量"+100、"中点"0、"圆度"+100、"羽化"95。

2. 颜色优先

当图像色彩鲜艳时，选择"颜色优先"可有效保护原有色。设置："数量"−34、"中点"30、"圆度"−41、"羽化"100、"高光"19。

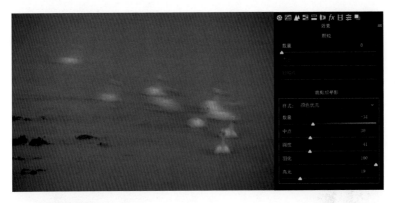

3. 绘画叠加

选择"绘画叠加"可使画面产生模糊柔化效果。设置："数量"+94、"中点"0、"圆度"−53、"羽化"55。

4. 创建流媒体交流图片

(1) 制作流媒体交流图片设置为："数量"+100（"数量"−100时画布

为黑色）、"中点"0、"圆度"+100、"羽化"3。

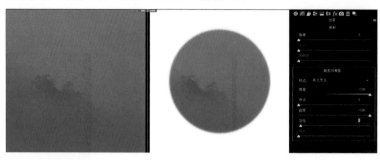

(2)调整控件组合，设置为："数量"+100、"中点"0、"圆度"–100、
"羽化"3。

(3)使用不同的控件组合，可以给图像制作炫酷的晕影效果。设置为：
"数量"–100、"中点"44、"圆度"–1、"羽化"3、"高光"0。

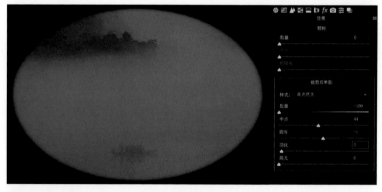

第七节 颜色取样器在区域曝光法中的运用技法

美国著名摄影家安塞尔·亚当斯的区域曝光理论，是半个多世纪以来
摄影科学的基本理论之一，如果将其理论应用到数字调图中，就可以把
看到的景物真实地呈现出来。安塞尔·亚当斯将图像的影调分为0到10共
11个区域，每个区域在图像影调中起着各自的作用，为创建个性化的调
图提供了理论依据。

图表区域值域为Camera Raw默认色彩空间Adobe RGB（1998）。当色彩空间为Prophoto RGB时，各区域值域会有所变化；色彩空间为Lab color时，各区域值域会以0-100显示，更直观有效。

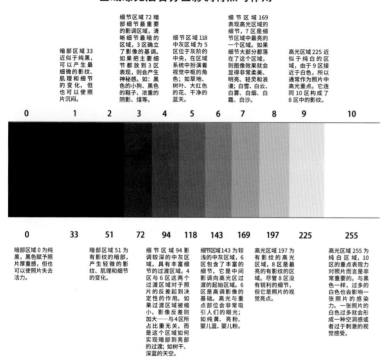

区域曝光法各分区影调特点与作用

如何将安塞尔·亚当斯的区域曝光理论，应用在数码调图中？那就是好好学习区域曝光法各分区影调特点与作用，利用"颜色取样器"为影调调整服务。

在工具栏中单击"颜色取样器" （快捷键为S），在图像不同影调处单击取样，图像的明度和颜色信息显示在图像预览上方（色彩空间为Lab Color）。

①L表示亮度，值域由0到100（也就是区域曝光法理论的0区到10区）。

②a表示从洋红色至绿色的范围。

③b表示从黄色至蓝色的范围。

a和b的值域都是由+127至-128，其中+127 a就是红色，过渡到-128 a的时候就变成绿色，而+127 b是黄色，-128 b是蓝色。

要删除单个颜色取样点，可在Windows系统下按住Alt键（Mac系统下按住option键），鼠标靠近颜色取样点时指针自动切换成剪刀工具，单击并删除；要删除全部颜色取样点，可单击"清除取样器"。

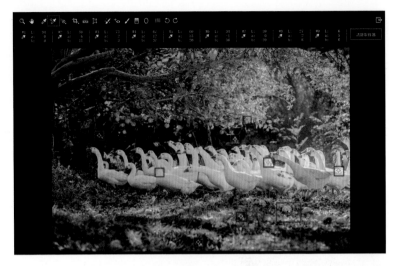

最多可给图像添加9个颜色取样点。

错误

❌ 颜色取样器的最大数目为9。

确定

第八节 分离色调高级使用技法

分离色调是摄影师十分喜爱的调色工具之一，它可以向图像的高光和暗部区域添加个性化的色调，并能控制添加色调的强度，达到艺术化着色的目的。

"分离色调"面板里有5个可调控件，分别是"高光"和"阴影"区域的"色相"、"饱和度"以及"平衡"控件。

①色相：控制着色的颜色。

②饱和度：控制着色颜色的强度。

③平衡：控制整体色调偏向高光还是阴影。

一、给图像添加冷暖色调

1. 打开案例图像，在"基本"调整面板中对图像做如下设置："配置文件"为"Adobe 鲜艳"、"曝光"−3.15、"对比度"+24、"高光"+37、"阴影"+42、"白色"+43、"黑色"+14、"清晰度"+38、"去除薄雾"+23、"自然饱和度"+74。

2. 展开"分离色调"面板，Windows系统的快捷键为Ctrl+Alt+5（Mac系统的快捷键为command+option+5）。

Windows系统中按住Alt键（Mac系统中按住option键）将"高光"区域"色相"拖曳至41，"饱和度"控件即时显示最高强度来协助选择"色相"范围。

笔者喜欢在"色相"数值30到45之间，给图像添加暖色调。

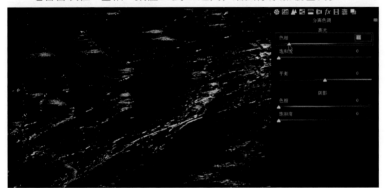

3. 将"高光"区域"饱和度"拖曳至88。

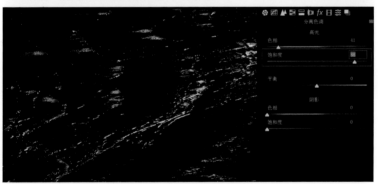

4. Windows系统中按住Alt键（Mac系统中按住option键），将"阴影"区域"色相"拖曳至212，"饱和度"控件即时显示最高强度来协助选择"色相"范围。

笔者喜欢在"色相"数值212到222之间，给图像添加冷色调。

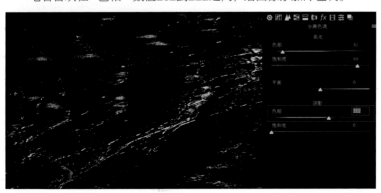

5. 将"阴影"区域"饱和度"拖曳至85，此时"高光"区域也被添加冷色调。

6. 将"平衡"拖曳至+71，冷暖色调开始分离并偏向于暖色。

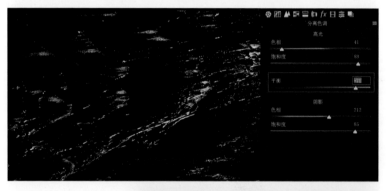

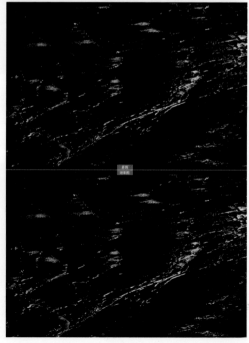

7. "分离色调"调整前后效果对比如图所示。

二、制作经典的青绿山水画效果

《千里江山图》是青绿山水画王冠上的明珠，系北宋画家王希孟18岁时作品，也是其唯一传世的巨制杰作。摄影师们可以使用"分离色调"仿制其经典的青绿色。

1. 打开案例图像，在"基本"调整面板中对图像做如下设置："配置文件"为"Adobe 鲜艳"、"曝光"–1.25、"高光"–38、"阴影"+32、"白色"+54、"清晰度"–28、"去除薄雾"–42。

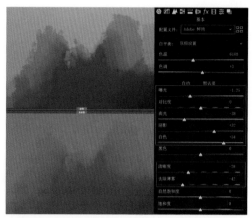

2. Windows系统中按住 Alt 键（Mac系统中按住 option 键），将"高光"区域"色相"拖曳至59，"饱和度"控件即时显示最高强度来协助选择"色相"范围。

3. 同上操作，将"高光"区域"饱和度"拖曳至100。

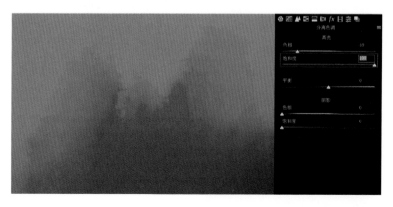

4. Windows系统中按住Alt键（Mac系统中按住option键），将"阴影"区域"色相"拖曳至188，"饱和度"控件即时显示最高强度来协助选择"色相"范围。

5. 同上操作，将"阴影"区域"饱和度"拖曳至39。

6. 同上操作，将"平衡"控件拖曳至-22，色调开始分离并偏向于青绿色。

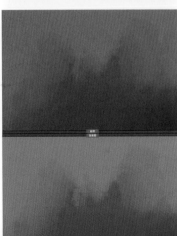

7. "分离色调"制作青绿山水画，效果前后对比如图所示。

三、给黑白图像添加单色调或双色调效果

在"分离色调"面板中，给黑白图像添加单色调或双色调十分简单，一键调整，效果极佳。

1.将"高光"区域"色相"拖曳至45，"饱和度"拖曳至20；将阴影区域"色相"拖曳至212，"饱和度"拖曳至12；将"平衡"拖曳至+18，色调开始分离并偏向于暖色。

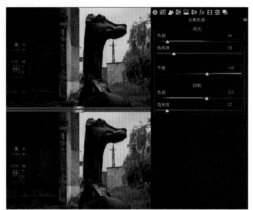

黑白图像的高光区域被添加了暖色调，阴影区域被添加了冷色调，黑白图像不再单薄，更加深邃迷人。

2.将"阴影"区域"色相"拖曳至216，"饱和度"拖曳至18，图像被着上淡淡的冷色调，色调和环境相得益彰。

第九节 相机校准技法

在相机"校准"面板"程序"选项中，有5种不同时期的"处理版本"供选择。5版（当前）为最新的处理版本。如果希望与旧版的编辑保持一致，可以选择早期的处理版本。

每款相机拍摄的图像都有自己独特的脸谱，偏红、偏黄、偏绿或者出现在图像的阴影之中。在"校准"面板里，可以调整阴影和原色控件，微调相机图像出现的轻微色偏，或者创建艺术化的设置。

1. 打开案例图像，在"基本"调整面板中对图像做如下设置：配置文件为"Adobe 颜色"、"曝光"+1.35、"对比度"–33、"高光"–38、"阴影"+46、"白色"+18、"黑色"–5、"自然饱和度"–20、"饱和度"+5。

2. 在"镜头校正"面板中勾选"删除色差"和"启用配置文件校正"。由于例图是使用德国福伦达（Voigtlander）VM 12mm f/5.6 Ultra Wide Heliar Aspherical定焦镜头拍摄的，因此在"镜头配置文件"选项中选择相应选择即可。此外，将"晕影"降至78，对图像的晕影重新进行修正。

3. 图像整体偏紫色和洋红色，展开相机校准面板，设置如下：将"阴影"区域"色调"拖曳至–27，将"蓝原色"区域"色相"拖曳至–44、"饱和度"拖曳至+10。

校准前后效果对比如图所示。

4. 对于特定相机的独特脸谱，可以在相机校准面板里设置，存储新的Camera Raw默认值。当再次打开同款相机拍摄的图像时，色偏将被自动校准。存储新的Camera Raw默认值隐藏在Camera Raw设置菜单中。

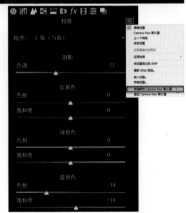

Camera Raw 工具栏中的"调整画笔"、"渐变滤镜"和"径向滤镜",可以在图像调整过程中随心所欲或精雕细琢。如果不对图像进行多张合成处理,完全可以跳越严谨的 Photoshop,将编辑效果保存在图像的"快照"里,容易修改,不占用磁盘空间,增加的体量可忽略不计,随用随转换。

04

第四章 局部精细调整工具使用技法

第一节 调整画笔工具高级使用技法

调整画笔工具是 Camera Raw 最重要的调整神器，配合"自动蒙版"和"范围遮罩"可以实现对图像局部的精细调整。调整是非破坏性的，是真正的无损调图。

一、控件功能介绍与设置

1.面板控件功能介绍

选择工具栏中的"调整画笔"工具 （快捷键为K），图像调整选项栏自动切换成"调整画笔"面板。

单击任意控件的加号"⊕"或减号"⊖"图标，可增加或减少效果的预设量，其他控件滑块快速重置为零；单击多次可选择更强的预设量，单击或双击即为"新建"调整预设，单击任意控件滑块可快速重置为零。

2.画笔设置

(1)调整画笔半径

画笔内十字线为应用点，实心圆为应用效果区域，从实心圆到黑白相间圆为应用效果渐变区域。

①在图像预览窗口中，按住鼠标右键，向左(右)拖曳缩小(扩大)画笔半径。

②按括号键"["和"]"调整画笔半径（英文书写模式）。

③拖曳"大小"控件滑块，调整画笔半径。

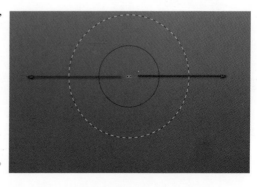

(2)调整画笔羽化值

①在图像预览窗口中，按住Shift键并单击鼠标右键，向左（右）拖曳使羽化值降低，画笔变硬（画笔变柔和）。

②按住Shift键并单击括号键"["和"]"调整画笔羽化值。

③拖曳"羽化"控件滑块，调整画笔羽化值。

(3)调整画笔的流动

①按住"+"或"−"键控制画笔流动值（英文书写模式）。

②拖曳"流动"控件滑块，调整画笔的流动值。

(4)调整画笔的浓度

①按数字键"0–9"，调整浓度值。

②拖曳"浓度"控件滑块调整浓度值。

3.显示蒙版的设置

(1)单击面板底部的"蒙版叠加颜色"图标，弹出"拾色器"，默认拾色器颜色为白色，颜色表示蒙版影响的区域。

(2)更改拾色器的颜色，方便查看蒙版效果。

二、"调整画笔"应用局部调整高级使用技法

本案例目的是使主题从背景中跳越出来并弱化背景。

1. 从工具栏中选择"调整画笔"工具，在"曝光"控件的"⊕"图标上双击，"曝光"控件滑块快速移动至+1.00，其他控件滑块瞬速重置为零。

调整好画笔大小，按住鼠标左键在主题区域精心涂抹应用效果，松开鼠标，应用点处显示一个红黑相间的图钉图标。使用鼠标可移动图标，改变图像应用效果区域。

如需撤销上次的调整，Windows系统中按Ctrl+Z键（Mac系统中按住command+Z键），如撤销多步调整，请重复以上操作。

2. 对图像应用效果后，还可以修改控件预设量。为了使主题亮度过渡自然，将"曝光"修改为+0.75。添加以下设置："清晰度"+13，增加主题中间调的对比度，彰显其冲击力；"饱和度"+36，使主题鲜艳夺目；"锐化程度"+21，使主题锐利锋芒。

3. 选择面板底部的"蒙版"选项，在图像预览中显示蒙版叠加效果，协助查看涂抹区域准确范围。Windows系统中按住Alt键（Mac系统中按住option键），画笔自动切换成具有橡皮擦功能的"清除"画笔，可对涂抹溢出区域进行修改。

4. 在"高光"控件"⊖"图标上双击两次，为图像添加新的调整画笔。"高光"降至–100，其他控件滑块重置为零；拖曳"白色"至–19，在地面处小心涂抹，弱化背景杂光。

5. 如果喜欢这种弱化背景杂光的组合，可以将它保存为预设，方便日后选择使用。展开调整画笔菜单设置，选择"新建局部校正预设"。

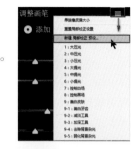

6. 在弹出的预设对话框中键入名称并单击"确定"保存预设。

7. 如要修改上次应用效果，让画笔靠近白色圆形点（闭合状态，不可修改），出现三角指针提示时单击激活。

8. 如要删除应用效果，Windows系统中按住 Alt 键（Mac系统中按住option键），让画笔靠近图钉图标，画笔自动切换成剪刀工具，单击图钉图标将其删除，或者激活图钉图标并按 Delete 键；要删除全部应用效果，可单击"调整画笔"面板底部的"清除全部"。

如若隐藏图钉图标，可单击"调整画笔"面板底部的"叠加"（快捷键为 V）。

9. 应用局部调整前后效果对比如图所示。

第四章　局部精细调整工具使用技法

三、启用"自动蒙版"应用局部精细调整高级使用技法

"自动蒙版"功能自Camera Raw诞生就有，只是很少被关注。启用"自动蒙版"功能，画笔会开启智能遮盖模式并变得缓慢，这是因为Camera Raw智能分析涂抹点（画笔中心的十字线）的色调和颜色，并将应用效果绘制在相同色调和颜色区域。所以，在精致区域涂抹时速度要慢下来。

1. 打开案例图像，展开"调整画笔"面板，在"曝光"控件"⊕"图标上双击，"曝光"滑块快速移动至+1.00。

为了使双手更加夺目和祥和，可勾选"自动蒙版"功能，调整好画笔大小，在双手区域精心涂抹应用效果。

2. 将图像放大至300%，按住空格键移动图像。将"清晰度"滑块拖曳至–57，柔化双手。

先涂抹双手的外边缘，然后取消"自动蒙版"功能，这样画笔可以快速均匀地涂抹内侧。当边缘涂抹不精确时，将画笔内十字线靠近涂抹即可，只要画笔内十字线不越出边界，"自动蒙版"会出色地完成涂抹任务。

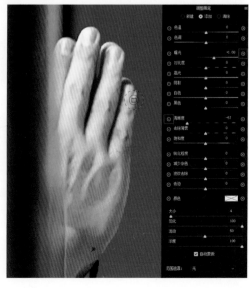

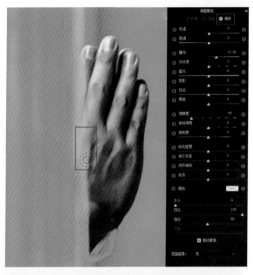

3.选择面板底部的"蒙版"选项,在图像预览中显示蒙版叠加效果;由于背景色也是红色,所以单击"蒙版叠加颜色"图标,弹出"拾色器",将拾色器颜色修改为绿色,颜色表示选择"未受影响的区域"。

4.在"蒙版"的协助下查看涂抹区域完成程度。Windows系统中按住Alt键(Mac系统中按住option键),画笔自动切换成具有橡皮擦功能的"清除"画笔,可对涂抹溢出区域进行修改。

5.调整前后效果对比如下图所示。

四、"调整画笔"应用人像局部精细调整高级使用技法

"调整画笔"配合"自动蒙版"和"范围遮罩"可以在照片上快速创建一个精确的蒙版区域,以便应用局部精细调整。

1.打开案例图像,展开调整画笔面板,在颜色控件"⊕"图标上单击。单击"颜色"样本框图标,在弹出的"拾色器"选项中,"色相"设置为32,"饱和度"设置为100,并单击确定,然后调整好画笔大小为人像嘴唇着色。

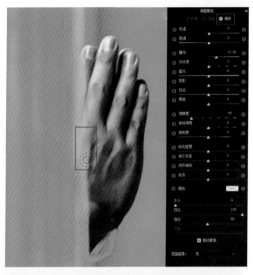

2. 将图像放大100%，启用"自动蒙版"使画笔开启智能遮盖模式，调整好画笔大小，先涂抹嘴唇的外边缘。

3. 取消"自动蒙版"功能，在红唇内侧快速均匀地涂抹。

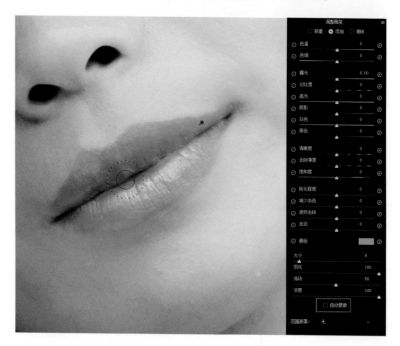

4. 选择"新建"调整画笔，启用"自动蒙版"功能，单击"颜色"样本框图标，在弹出的"拾色器"选项中，将"饱和度"降至30并单击确定，保持色相不变，为人像眼睑着色。

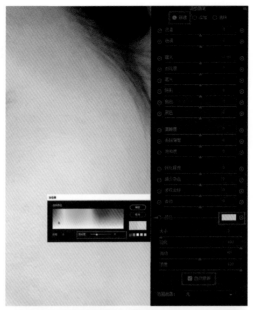

5. 调整好画笔大小，在人像眼睑处精心涂抹。当涂抹至睫毛时跳过，随后在眼睑区域处再次单击涂抹，这样睫毛就会被智能地遮挡。

6. 选择面板底部的"蒙版"选项，在图像预览中显示蒙版叠加效果，可以十分有效地涂抹想要修饰的区域。

7. 取消"蒙版"选项，接下来给人像的巩膜添加亮度，让眼睛炯炯有神。

在"曝光"控件"⊕"图标上双击，"曝光"滑块快速移动至+1.00，将"白色"滑块拖曳至+10，使巩膜内的最高光更加跳跃，将"饱和度"滑块拖曳至−20，降低巩膜饱和度。启用"自动蒙版"功能，调整好画笔大小，在人像巩膜处小心翼翼地涂抹。当涂抹到巩膜边缘细小处时，让画笔内十字线靠近它完成涂抹任务。

8. 现在，开始给人像虹膜和瞳孔处添加深度和锐度。

在"对比度"控件"⊕"图标上单击，"对比度"控件滑块快速移动至+25；将"清晰度"滑块拖曳至+20，增加虹膜和瞳孔的中间调对比度；将"曝光"滑块拖曳至+0.20，将"锐化程度"滑块拖曳至+20，增加虹膜和瞳孔的亮度和锐度，启用"自动蒙版"功能。

涂抹后的效果令人满意，如果喜欢以上设置，别忘了保存预设。

9. 最后一步是锐化人像的睫毛和眉毛。

在"锐化程度"控件"⊕"图标上单击，"锐化程度"滑块快速移动至+25，创建新调整；将"对比度"滑块拖曳至+20，增加睫毛和眉毛的反差；取消"自动蒙版"勾选，调整好画笔大小，在睫毛和眉毛处快速涂抹。

10. 将"范围遮罩"选项展开，选择"明亮度"。调整"亮度范围"滑块，设置所选明亮度范围的端点。"平滑度"滑块调整所选"明亮度"范围遮罩任意一端的衰减平滑程度。Windows系统中按住 Alt 键（Mac 系统中按住 option 键）并拖曳"亮度范围"滑块或"平滑度"羽化滑块，可以在图像预览中获得黑白可视化效果，来更加精确地查看蒙版区域。

11. Windows 系统中按住 Alt 键（Mac 系统中按住 option 键）并单击"明亮度"范围遮罩中的"亮度范围"控件滑块的最右边，可以看到人像的睫毛、眉毛和皮肤都被应用了效果。

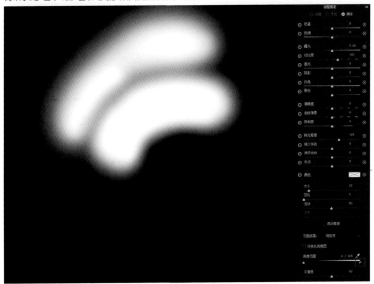

12. Windows系统中按住Alt键（Mac系统中按住option键），拖曳"亮度范围"最右边滑块至19，看到人像的睫毛、眉毛与皮肤黑白分离（白色刚开始变暗为最佳数值）。黑色区域被遮挡没有应用效果，白色区域显现应用了效果。

13. Windows系统中按住Alt键（Mac系统中按住option键），拖曳"平滑度"滑块至43，灰色部分消失，完成对人像睫毛和眉毛的精确蒙版控制。

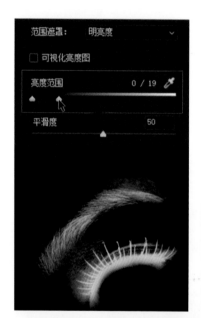
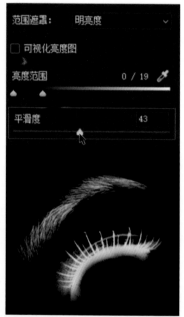

14. 局部精细调整前后效果对比如图所示。

15. 在局部调整应用人像修饰中，美白牙齿非常容易，这里给初学Camera Raw的新手提供一组强力组合秘籍，仅供参考。

"饱和度"–50，降低牙齿的色彩强度；"清晰度"–50，降低牙齿中间调对比度；"白色"–10，"高光"+10，让牙齿的"白"接近一致；启用"自动蒙版"功能，调整好画笔大小，在牙齿区域精心涂抹即可。

第二节 "渐变滤镜"应用局部精细调整高级使用技法

　　"渐变滤镜"工具可以给图像添加线性渐变调整，类似于传统的中密度渐变滤镜效果。自从滤镜面板中有了"范围遮罩"蒙版控件，不仅可以对图像整体或局部精细调整，在使用技法上也和以往大不相同。

一、"渐变滤镜"面板控件功能介绍

　　选择工具栏中的"渐变滤镜"工具 ▣（快捷键为G）。图像调整选项栏自动切换成"渐变滤镜"面板，"渐变滤镜"面板控件功能和"调整画笔"面板控件功能一致。不同的是"大小"、"羽化"、"流动"和"自动蒙版"隐藏在"橡皮擦画笔"面板里。

　　①"画笔擦除" ▨ 选定调整，是橡皮擦画笔面板默认模式。

　　②"画笔添加" ▨ 选定调整。

　　Windows系统中按Ctrl+Z键（Mac系统中按command+Z键）后退一步，如撤销多步调整，请重复以上操作；如要清除全部橡皮擦画笔操作，可单击"橡皮擦画笔"面板底部的"清除"。

　　如要删除应用效果，可在Windows系统中按住Alt键（Mac系统中按option键），画笔自动切换成剪刀工具，单击白色圆形点将其删除，或者激活白色圆形点并按Delete键。要删除全部应用效果，可单击"渐变滤镜"面板底部的"清除全部"。

　　如若隐藏渐变参考线，可单击"渐变滤镜"面板底部的"叠加"（快捷键为V）。

二、"线性渐变"使用高级使用技法

　　1. 打开案例图像，展开"渐变滤镜"面板并设置如下："曝光"–0.75，压暗天空的明度；"对比度"–10，降低由于压暗天空给图像带来的顶部高反差；"高光"–12，"白色"–10，弱化天空亮部区域，有利于突出主题；"阴影"+50，使被压暗的天空暗部细节得到恢复；"黑色"+5，产生阴影无痕迹渐变效果；"饱和度"-5，降低由于天空压暗给图像带来的饱和度增高问题。

按住 Shift 键（渐变滤镜走直线）自上而下拉出一个渐变效果。绿白相间线处效果最强，红白相间线处效果最弱，在两个圆形点之间的虚线为效果渐变区域。

2. 如天空应用效果还不够，可单击两个圆形点间的虚线处，往下拖移直到效果满意。

3. 在面板顶部单击"新建"并设置如下："曝光"-0.30、"对比度"-3、"高光"-10、"白色"-6、"阴影"+6、"黑色"+2、"饱和度"-3。按住 Shift 键自下而上拉出一个渐变效果。

调整各控件，理由同第一步操作，建议 Camera Raw 新手将这两组压暗渐变组合保存为预设。

5. 调整前后效果对比如图所示。

三、"渐变晕影效果"高级使用技法

在渐变滤镜里可以为图像制作神奇的不规则的晕影效果，和裁剪后的晕影效果不同，在渐变滤镜里可以对图像局部区域进行任意精细调整控制。最大的优点是充分利用RAW格式的宽容度，制作出来的晕影效果更加自然。

1. 打开案例图像，从工具栏中选择"渐变滤镜"工具，并设置如下："曝光"+0.20、"高光"–75、"阴影"+70、"白色"–10、"黑色"–5、"清晰度"+17、"饱和度"–20。

按住Shift键，在画布上由里向外拉出

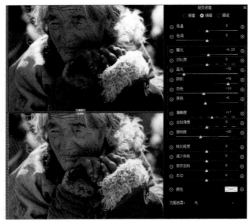

一个渐变效果。由于绿白相间线处效果最强，实际上整个图像都应用了效果，蒙版模式自动切换为"编辑"。

这些调整可以在基本面板中处理，为了练习对图像进行整体渐变应用，所以在这里对图像进行基本影调调整。

2. 在面板顶部单击"新建"并设置如下："曝光"–2.70，目的是压暗周边制作晕影效果；"对比度"–81，降低由于大压光给图像带来的高反差；"高光"–100，"白色"–100，最大限度地降低晕影区域的高光亮度，有利于晕影效果；"阴影"+100，使晕影区域暗部细节得到恢复；"黑色"+10，防止大压光给图像带来的黑色溢出；"清晰度"–31，降低晕影区域的中间调对比度；"饱和度"–20，削弱晕影区域的颜色强度（所有设置调整，都可以在应用效果后再微调）。

按住Shift键，在画布上由里向外拉出一个渐变效果，图像被彻底压暗。

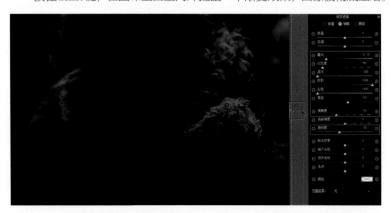

3. 单击面板顶部具有橡皮擦功能的"画笔"，将画笔大小调整至最大，将"流动"设置为8，在图像中手的位置单击一次，以手为中心向图像外围应用8%的恢复量。按括号键"["两次（英文书写模式），缩小画笔大小，在图像中"手"的位置再次单击。再如此循环操作至8次。

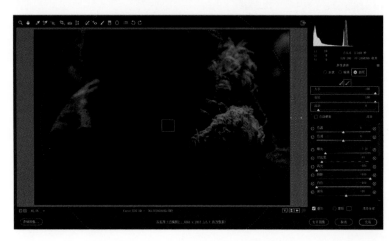

4. 循环操作后，画笔半径缩小至34，主题区域也恢复了80%的应用效果。这时的画笔大小，正好适合制作图像不规则渐变晕影效果。

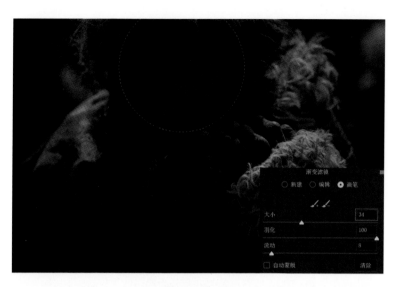

5. 在人物面部、左手和恢复效果区域小心单击并仔细观看效果。

6. 选择面板底部的"蒙版"选项，在图像预览中显示蒙版叠加效果，黑色为遮挡区域，遮挡区域渐变十分完美。

如果某些区域晕影效果没有达到要求，可选择"画笔"面板中的"使用画笔添加到选区" 对某些区域再次添加晕影效果。

7. 如发现背景对比度还高，可再次微调控件数值，将"对比度"修正为–100，将"清晰度"修正为–100。为了使晕影区域变得模糊，增加"锐化程度"到–100，所有调整都要服务于晕影效果！

8. 调整前后效果对比如图所示。

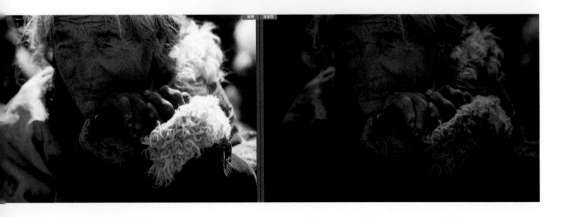

四、"颜色"范围遮罩应用局部精细调整高级使用技法

下图是一张白天拍摄的深秋柿子树的照片，现在想把它夸张成晚间拍摄的情景。制作过程不得不使用"颜色"范围遮罩，它可以检测到光线和对比边缘中的变化，并依据选取的颜色和色调，给图像制作精准的蒙版选区，以便应用局部精细调整。

1.打开案例图像，首先在基本调整面板中，对图像做如下调整："配置文件"选择"Adobe颜色"，增强图片中的色调；"曝光"–2.80，压

暗整幅图像；"对比度"–81，降低由于压暗图像带来的高反差效果；"高光"–100，"阴影"+100，"白色"–100，"黑色"+18，以上四步操作，目的是仿制晚间柔和光比效果；"色温"3650，给图像添加冷色调，白天变黑天初步完成。

2.选择"渐变滤镜"工具并做如下设置：在"颜色"控件"⊕"图标上双击两次，给应用效果区域添加暖色调；"曝光"+1.50，给效果区域添加亮度；"清晰度"–100，降低效果区域中间调的对比度，起到柔化柿子树的目的。

按住Shift键，在画布上由里向外拉出一个渐变效果，绿白相间线处效果最强。整个图像都应用了效果，蒙版模式自动切换为"编辑"。

3.展开"范围遮罩"选择"颜色"，默认情况下，"范围遮罩"设置为"无"不可用。

4. 鼠标指针在图像预览中显示"滴管"图标，此时的"色彩范围"控件滑块不能使用；当在图像中选择颜色后，"色彩范围"控件才会激活，开启"色彩范围"蒙版智能模式。

5. 最多可以在图像中选择5个颜色样本。

6. 为了选择更多的颜色，创建精准的蒙版选区，不采取单击取样的方式，而是使用鼠标拖出一个颜色样本区域。

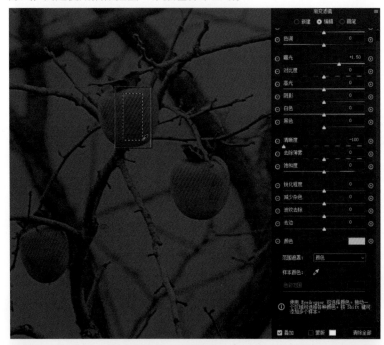

7. 按住 Shift 键可给图像添加多个样本，多个样本颜色相加，可使色彩范围蒙版选区更加精准。

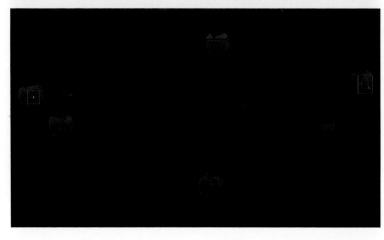

8. 要退出颜色取样，可按 Esc 键或单击"样本颜色"中的滴管样式图标（后退和删除可参照渐变滤镜工具使用方法）。

9. Windows 系统中按住 Alt 键（Mac 系统中按住 option 键）并单击"色彩范围"控制滑块，可以看到少量背景区域被纳入色彩范围蒙版选区。

10. Windows 系统中按住 Alt 键（Mac 系统中按住 option 键）并拖曳"色彩范围"控制滑块至30（背景区域刚好消失，为最佳数值），背景区域与柿子黑白分离，黑色区域被遮挡，白色区域应用了效果。

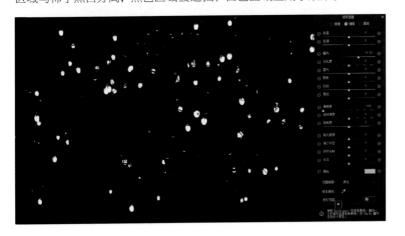

11. 想把柿子调成金黄色，单击"颜色"样本框图标将"色相"由50修改为32，微调后的效果令人满意。

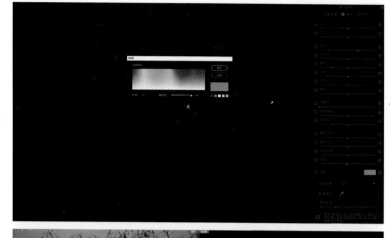

12. "盏盏天灯入梦来，撩起乡情悠悠……"《天灯入梦来》制作前后效果对比如图所示。

五、"明亮度"范围遮罩应用局部精细调整高级使用技法

为案例图片的天空添加冷暖调，并降低天空的亮度渲染主题气氛。通过"明亮度"范围遮罩设置阴影和高光的起始点，使用"平滑度"来优化选区，并配合具有擦除功能的画笔，给图像局部精准调整制作应用区域。

1. 在基本调整面板中，对图像做如下调整："色温"7550，给图像添加暖色调；"曝光"+0.18，提高图像整体的明亮度；"对比度"-18，降低由于逆光拍摄给图像带来的高反差效果；"高光"-72，使图像的高光恢复细节；"阴影"+38，使图像的阴影区域细节丰富；"白色"+35，使天空明暗对比增强；"黑色"-22，调整照片中的黑场；"清晰度"+18，增加图像的中间调对比度；"自然饱和度"+16，使天空的蓝色活跃起来；"饱和度"+4，增加图像整体的颜色强度。

2. 展开"渐变滤镜"工具面板，在"曝光"控件"⊖"图标上双击两次，并将"曝光"滑块拖曳至-2.30，将"去除薄雾"滑块拖曳至-23，来

压暗天空并给天空添加薄雾效果。按住Shift键（渐变滤镜走向为直线）在图像上由上而下拉出一个渐变效果。

3. 在"范围遮罩"选项中选择"明亮度"，选择"亮度范围"中的滴管工具，在图像中单击并拖动要调整的亮度区域（建议选择一个较小的区域以缩小特定的亮度范围）。"亮度范围"滴管工具是一种可根据选区优化亮度范围的可选捷径。

4. 勾选"可视化亮度图"，可以在图像预览中获得黑白可视化效果，协助您更加精确地查看蒙版区域。红色部分显示应用了蒙版的实际区域，即应用了明亮度和局部调整的交叉选区。阴影部分对应的"亮度范围"滑块依据选取的亮度区域，自动调整至30，暗部区域山峰被遮挡，天空和极少部分岩石应用了效果（由于岩石亮度值较高受到了影响，稍后笔者将使用具有橡皮擦功能的画笔来削弱应用效果）。

5. 拖曳"平滑度"滑块至60，扩展暗部山峰遮挡的区域。

6. 勾选面板底部"蒙版"选项并单击"蒙版叠加颜色"图标，弹出"拾色器"，将"亮度"、"不透明度"和"颜色表示"逆向设置，协助查看蒙版区域，查看后要及时关闭"拾色器"，否则将影响下一步的操作。

7. 取消"可视化亮度图"的选择，单击"渐变滤镜"面板顶部具有橡皮擦功能的"画笔"，单击"使用画笔擦除选定调整"图标，将"流动"设置为8并勾选"自动蒙版"选项，调整好画笔大小，在主体岩石处边单击边查看涂抹效果，渐变均匀地保持主体岩石的亮度。

8. 单击"渐变滤镜"面板顶部的"编辑"选项，离开"画笔"工具回到滤镜编辑状态，在图像预览中，右键单击，在弹出的"编辑菜单"中选择"复制"（复制的目的是借用这个滤镜里的岩石蒙版）。

9. 将复制后的渐变滤镜拖移出图像的底部。

10. 复制的目的是借用这个滤镜里的岩石蒙版，所以，拖移渐变滤镜后要及时修改滤镜里的编辑数值。在图像预览中，右键单击，在弹出的"编辑菜单"中选择"重置局部校正设置"，让其他控件滑块快速重置为零。"明亮度"范围遮罩里的"亮度范围"选区则保持不变（稍后笔者将重置它的蒙版区域，只借用岩石的蒙版区域）。

11. 单击"颜色"样本框图标，弹出"拾色器"修改"色相"为224，单击确定（注意，千万不要再控件"⊕"活"⊖"图标上单击或双击，否则，滤镜将变为新建）；"色温" −48,再次添加冷色调效果；"曝光" −0.80、"高光" −17, 降低天空高光的亮度值，因为明度值越高越不容易着色；"去除薄雾" −13, 给天空阴影区域添加淡淡的薄雾效果来渲染气氛；重置"明亮度"范围遮罩里的"亮度范围"数值。

12.展开"明亮度"范围遮罩，选择"亮度范围"，Windows系统中按住Alt键（Mac系统中按住option键），拖曳阴影部分对应的"亮度范围"滑块至21, 较暗的阴影区域被遮挡。

13. Windows系统中按住Alt键（Mac系统中按住option键），拖曳高光部分对应的"亮度范围"滑块至80, 天空高光区域被遮挡。

14. Windows系统中按住Alt键（Mac系统中按住option键），拖曳"平滑度"滑块至55，扩展应用效果区域，主体色（冷色调）影响范围扩大。

15. 给图像高光区域添加暖色调，在滤镜面板"高光"控件"⊕"图标上双击两次，并单击"颜色"样本框图标，弹出"拾色器"，修改"色相"为33，"饱和度"为75。拖曳"高光"控件滑块为+19，增加暖色调的明亮度。按住Shift键（"渐变滤镜"走向为直线），在画布上由里向外拉出一个竖向的渐变效果。

16. 展开"明亮度"范围遮罩，选择"亮度范围"，Windows系统中按住Alt键（Mac系统中按住option键），拖曳阴影部分对应的"亮度范围"滑块至95，阴影区域被遮挡，天空高光区域应用了效果。

17. Windows系统中按住 Alt 键（Mac系统中按住 option 键），拖曳"平滑度"滑块至5，收缩应用效果区域，天空中极少的高光区域将被应用暖色调效果。

18. 调整前后效果对比如图所示。

第三节 "径向滤镜"应用局部精细调整高级使用技法

效果面板里的"裁剪后的晕影"，可以对裁剪后的图像中心区域创建晕影效果。而"径向滤镜"可以给不规则的任意区域，添加多个圆形或椭圆形晕影渐变效果。使用"径向滤镜"配合"范围遮罩"蒙版，可以给图像的主题创造更加神奇的渐变晕影效果或局部精细调整。

一、面板控件功能介绍

从工具栏中选择"径向滤镜"工具 （快捷键为J）。图像调整选项栏自动切换成"径向滤镜"面板控件。面板控件功能作用和"调整画笔"、"渐变滤镜"面板控件功能作用一致。不同的是，在"范围遮罩"上面多了一个"效果"选项。

在图像中，按住Shift键并拖动鼠标，可以创建圆形径向滤镜；直接拖动鼠标，可以创建椭圆形径向滤镜（后退和删除可参照渐变滤镜工具使用方法）。

① "外部"所有修改将被应用于选定区域的外部（默认方向）。

② "内部"所有修改将被应用于选定区域的内部，应用调整时，按X键可以切换效果方向。

二、制作传统晕影效果高级使用技法

使用"径向滤镜"制作传统渐变晕影效果，只需在图像中双击即可完成。

1. 展开"径向滤镜"面板，设置如下："曝光"−0.50，"对比度"−8，"高光"−20，"阴影"+20，"黑色"+5，效果选择"外部"。这是非常实用的一组滤镜组合，专门用于制作传统渐变晕影效果。如果喜欢，可以收藏为预设。在图像任意处双击即制作完成。

2. 如果感觉晕影效果不强烈，可在调整区域外围或画布上再次双击，完成应用效果复制，此时的"径向滤镜"自动闭合，白色圆形点显示不可修改。

3. 图中孩子面部晕影效果有些过度，可激活白色圆形点，在面板顶部单击具有橡皮擦功能的"画笔"，在人物面部和手处进行涂抹修复。当然，还可以继续在画布上双击，对图像应用更强烈的晕影效果。

4. 在"径向滤镜"处于激活状态时，单击右键，弹出设置选项，选择"复制"等同于再次应用效果；选择"删除"，即可删除单次应用效果；选择"重置局部校正设置"，所有控件滑块将重置为零，需要重新设置应用调整；选择"清除画笔修改"，等同于在"画笔"面板选择"清除"；在"径向滤镜"没有填充整个画面时，选择"填充调整"，可将"径向滤镜"填满整个画面。

5. 调整前后效果对比如图所示。

三、不规则晕影效果高级使用技法

制作不规则的晕影效果，是"径向滤镜"的传统强项。

1. 在对图像应用渐变晕影效果前，一定要先在"镜头校正"面板中，启用"配置文件"对图像进行镜头畸变校正，否则，制作后的晕影效果将叠加镜头畸变晕影效果。本案例还选择了"删除色差"，消除了远山边缘的绿色色边。

2. 展开"径向滤镜"面板。在"曝光"控件"⊖"图标上双击两次,"曝光"控件滑块降至−2.00,压暗天空及周边的亮度,效果选择"外部"。在毛驴处单击并拖动鼠标,绘制一个大的椭圆形选区。天空及周边区域被应用晕影效果。

3. 单击右键,在弹出的设置选项中,选择"复制",并选择"内部"方向;将"曝光"滑块拖曳至+0.85,增加毛驴及周边的亮度。

4.调整前后效果对比如图所示。

四、制作局部精细晕影效果高级使用技法

案例一:

延续上图制作,使用"径向滤镜"配合"颜色"范围遮罩制作局部精细晕影效果。

1.展开径向滤镜面板,在"颜色"控件"⊕"图标上双击两次,使暖色调以最高强度应用晕影效果,效果选择"内部"。在山峰倒影处单击并拖动鼠标,绘制一个细小的椭圆形选区,由中心向选定区域渐变晕影效果。

2.将图像放大至200%,展开"范围遮罩"选择"颜色",在山峰倒影处单击并拖出一个颜色区域,松开鼠标,山峰之外的暖色被智能地遮挡。

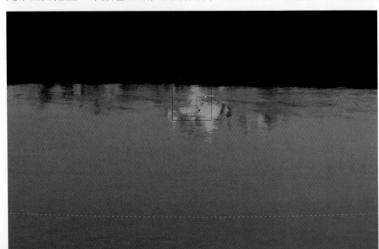

3. Windows系统中按住Alt键（Mac系统中按住option键），并拖曳“色彩范围”滑块至39，山峰倒影上方的草原区域被遮挡，蒙版更加精确。

4. 如感觉山峰的暖色调不够好，可单击“颜色”样本框图标，将“色相”由50修改为45，并单击“确定”，山峰呈现金黄色。

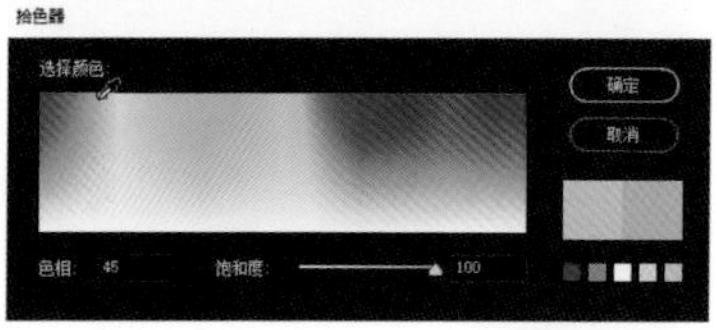

5. 按Esc键退出颜色取样，右键单击，在弹出的对话框中选择复制。

6. 将图像恢复初始视图大小，Windows系统的快捷键为Ctrl+0（Mac系统的快捷键为command+0）。按住Shift键（可以水平或垂直方向移动应用效果），将复制后的应用效果垂直移动到图像顶部山峰位置，由于蒙版选区查找方法一致，只有山峰顶部光照区域被应用了暖色调效果。

7. 按住Shift键并拖动左边手柄, 在保持长宽比不变的情况下扩展应用区域范围。

8. 调整前后效果对比如图所示。

案例二：

使用"径向滤镜"配合"明亮度"范围遮罩制作局部精细晕影效果, 压暗周边, 突出小女孩。

1. 首先, 在"镜头校正"面板中, 勾选"启用配置文件"和"删除色差"对图像进行镜头畸变校正, 消除图中敲锣男人衣帽边缘的绿色色边。

2. 选择"径向滤镜"工具，在"曝光"控件"⊕"图标上双击，曝光滑块升至+1.00，给图像调整区域应用增亮渐变晕影效果，效果选择"内部"。按住Shift键，并在小女孩眼睛处拖动鼠标，绘制一个圆形调整区域。

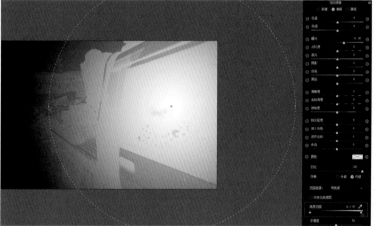

3. 展开范围遮罩，选择"明亮度"，Windows系统中按住Alt键（Mac系统中按住option键），并拖曳部分对应的高光"亮度范围"滑块至97，天空被智能遮挡。

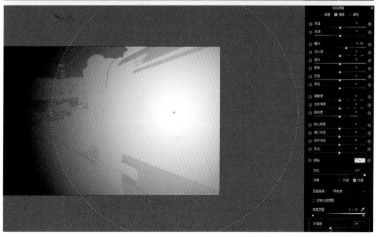

4. Windows系统中按住Alt键（Mac系统中按住option键），并拖曳"平滑度"滑块至34，小女孩被完全选择。

5. 在"曝光"控件图标"⊖"上双击两次,"曝光"滑块降至－2.00,给图像调整区域应用压暗渐变晕影效果,效果选择"外部"。在小女孩眼睛处拖动鼠标,绘制一个椭圆形调整区域。

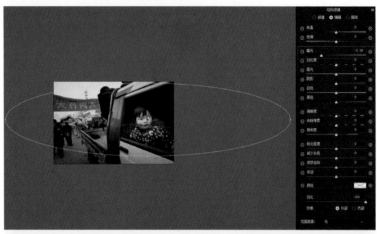

6. 为了顾及地面上的人物,需要旋转调整区域。当鼠标在调整区域边缘出现双向箭头时,按住Shift键,旋转调整区域,每次旋转的角度固定为15°。

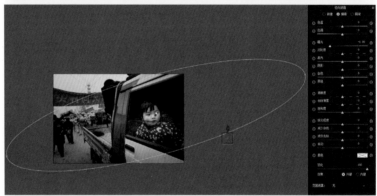

7. 展开范围遮罩,选择"明亮度",Windows系统中按住Alt键(Mac系统中按住option键),并拖曳阴影部分对应的"亮度范围"滑块至62,阴影区域被智能遮挡。

8. Windows系统中按住Alt键（Mac系统中按住option键），并拖曳"平滑度"滑块至75，扩展调整区域范围，让周边渐变过渡自然。

9. 通过使用"径向滤镜"配合"明亮度"范围遮罩制作局部精细晕影效果，效果显著，主题突出。

调整前后效果对比如图所示。

在后期修图过程中，部分摄影师面对高光比大反差的图像，显得束手无策，处理后的图像往往后期痕迹重、图像失真。现在推荐两个特殊方法，"之字法"和"三击法"，如果遇到高光比大反差的图像时，可以轻松处理。

05

第五章 高光比图像高级处理技法

第一节 "之字法"

　　"之字法"就是在"基本"调整面板中，将"高光"滑块向左拖动，将"阴影"滑块向右拖动，将"白色"滑块向左拖动，形成"之"字形。

　　1.在Camera Raw中打开图像，单击"阴影修剪警告"和"高光修剪警告"，图像中红色表示高光溢出，蓝色表示阴影溢出。在镜头校正面板中，先勾选"删除色差"和"启用配置文件"，对图像进行镜头校正。

　　2.将"高光"滑块拖曳至−100，高光溢出警告消除；将"阴影"滑块拖曳至+100，阴影溢出警告消除；将"白色"滑块拖动至−100，高光溢出区域恢复更多细节。

　　3.将"曝光"滑块拖曳至+1.25，"对比度"滑块拖曳至−21（图像反差太大，降低对比度可获得柔和的效果），"黑色"滑块拖曳至−18，"清晰度"滑块拖曳至+10，"去除薄雾"滑块拖曳至+22，完成影调的调整。

4. "配置文件"选择"Adobe 风景"，将"色温"滑块拖曳至5100，"自然饱和度"滑块拖曳至+93，"饱和度"滑块拖曳至+10，完成色调的调整。画面过渡自然，没有后期处理的痕迹。

5. 调整前后效果对比如图所示。

第二节 "三击法"

"三击法"就是第一步使用渐变滤镜工具，将曝光值降低，由上向下拉出一个渐变；第二步再将曝光值提高，由下向上拉出一个渐变；第三步使用径向滤镜工具，将曝光值提高，效果选择"内部"，由暗部区域视觉点向外拉出一个大渐变，完成"三击法"调图。"三击法"非常适合天际线比较明显的图像。

1. 打开案例图像，在"基本"调整面板中设置如下："配置文件"为"Adobe 风景"、"自然饱和度"为+53、"饱和度"为+10，完成色调的调整。

展开"镜头校正"面板，勾选"删除色差"和"启用配置文件"，对图像进行镜头校正。

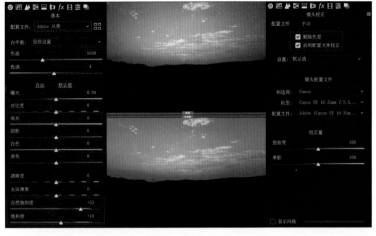

2. 选择"渐变滤镜"工具，在"曝光"控件"⊖"图标上双击，"曝光"滑块降至–1.00，按住Shift键（渐变走向为直线），由上而下拉满一个渐变。

3. 在"曝光"控件"⊕"图标上双击，"曝光"滑块升至+1.00，按住Shift键，由下而上拉满一个渐变。

4. 选择"径向滤镜"工具，将"曝光"值修改为+1.40，效果选择"内部"，由暗部区域视觉点向外拉出大渐变，完成"三击法"调整高光比大反差的图像。

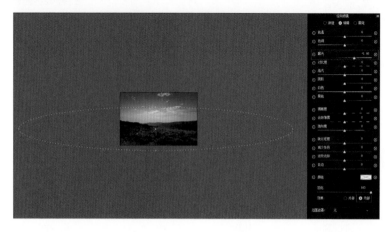

5. 画面影调柔和过渡，光影自然。调整前后效果对比如图所示。

如何在 Camera Raw 中锐化和减少杂色，如何把
握锐化的程度、减少杂色的分寸，细节面板中各控
件之间有什么联动关系？这些都将在具体的案例中
进行详解。

06

第六章　Camera Raw 图像锐化
和减少杂色高级使用技法

第一节 锐化高级使用技法

目前为止，所有的RAW格式的图像进入Camera Raw都需要锐化，因为它是未经处理的原始图像；另外，图像在打印过程中，原始信息会相应地减少，也会降低图像的锐度，所以在Camera Raw中锐化十分重要。

在Camera Raw中，分三次对图像进行锐化，才能确保图像的最终打印效果。首先，在"细节"面板中对图像进行捕获锐化；然后，在"局部区域精细调整"中对图像再次增强锐化或反向锐化；最后，对图像进行输出锐化。

使用JPEG格式拍摄的图像，在Camera Raw中进行捕获锐化要谨慎，因为相机已经自动给图像应用了捕获锐化和减少杂色。

在"细节"面板"锐化"选项中有4个控件，分别是"数量""半径""细节"和"蒙版"。

① "数量"调整图像边缘的锐化度。"数量"值越高，锐化效果越强，默认值为40。

Windows系统中按住Alt键(Mac系统中按住Option键)并拖曳滑块，可以在图像预览中获得黑白可视化效果，更加清晰地查看锐化效果。

② "半径"调整图像边缘锐化向外延伸的程度。具有微小细节的照片一般需要较低的设置，具有较粗略细节的照片可以使用较大的半径，使用的半径太大通常会产生不自然的外观效果，"半径"默认值为1。

Windows系统中按住Alt键(Mac系统中按住option键)并拖动滑块，可在灰度视图下查看半径向外延伸的程度。

③ "细节"调整图像边缘锐化影响细节区域范围。较低的设置主要锐化边缘以消除模糊，较高的值有助于使图像中的纹理更显著。默认值为25，低于25的数值都将有效抑制图像边缘的锐化度。

Windows系统中按住Alt键(Mac系统中按住option键)并拖动滑块，可在灰度视图下查看细节应用区域。

④ "蒙版"给图像边缘细节添加滤镜蒙版。设置为0时，图像中的所有部分均接受等量的锐化，设置为100时，锐化主要限制在饱和度最高的边缘附近的区域。

Windows系统中按住Alt键(Mac系统中按住option键)并拖动滑块，可在灰度视图下查看要锐化的白色区域和被遮罩的黑色区域。

一、通用锐化

对于比较柔和的图像，一般要采取"三小一大"的原则，即：小数量、小半径、小细节和大蒙版。这样的组合既保证了图像主题边缘的锐利也抑制了其他区域的喧嚣。

1. 打开案例图像，展开"细节"面板，面板底部有提示："在此面板中调整控件时，为了使预览更精确，请将预览大小缩放到100%或更大。"这是一条很好的建议。

2. 双击"缩放工具"将图像直接放大至100%，按住空格键将主题内容移动至合适位置，Camera Raw放大提示消失。

3. Windows系统中按住Alt键（Mac系统中按住option键）并拖曳"数量"滑块至31（拖曳"数量"时最好先将其恢复至0，然后边增加数值边观察锐化效果）。

4. Windows系统中按住Alt键（Mac系统中按住option键）并拖曳"半径"滑块至0.8，荷花细节较粗的边缘区域将应用锐化效果，而图像中柔和区域呈现灰色，没有应用效果。

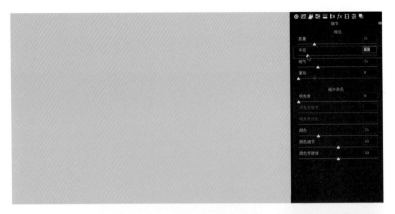

5. Windows系统中按住Alt键（Mac系统中按住option键）并拖曳"细节"滑块至20，可以看到图像中被应用区域减少，只有荷花最宽边缘区域得到锐化。

6. Windows系统中按住Alt键（Mac系统中按住option键）并拖曳"蒙版"滑块至65，图像中白色区域应用锐化效果，黑色区域被遮挡。

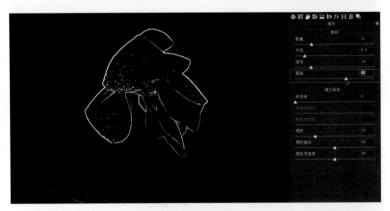

7. 锐化前后效果对比如图所示。

从效果图可以看出，"锐化"面板中的4个控件其实就是两组应用效果。

①应用效果组："数量"和"半径"起

着应用锐化效果的作用。

②抑制效果组："细节"和"蒙版"起着抑制应用锐化效果的作用。

二、女士人像锐化

人像锐化也应采取"三小一大"的原则。设置如下："数量"为40、"半径"为0.8、"细节"为25、"蒙版"为75。既保证了人像五官特征的锐化，也抑制了人像皮肤的纷扰。

三、风光锐化

风光锐化应采取"两小两大"的原则，即：小半径、小蒙版、大数量和大细节。"数量"为55、"半径"为0.8、"细节"为60、"蒙版"为15。这样的组合既保证了风光图像中细小狭长的边缘得到有效锐化，也使得其他有细节的区域得到同样的待遇。

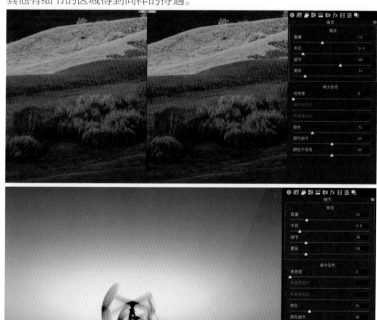

四、轻微锐化

轻微锐化应采取"四小"的原则，即：小数量、小半径、小细节和小蒙版。"数量"为31、"半径"为0.8、"细节"为20、"蒙版"为20。这样的组合很适合低ISO，并使用三脚架拍摄具有动感效果的柔和照片。

五、老人中近景锐化

老人中近景锐化应采取"三大一小"的原则，即：大数量、大半径、大细节和小蒙版。"数量"为65、"半径"为1.4、"细节"为75、"蒙版"为8。这样的组合特别适合纪实摄影中老年人的中近景锐化，更能刻画岁月的痕迹。

六、建筑及物件特写锐化

建筑及物件特写锐化应采取"两大两小"的原则，即：大数量、大细节、小半径和小蒙版。"数量"为55、"半径"为0.7、"细节"为90、"蒙版"为15。这样的组合特别适合建筑及物件特写质感锐化。

七、模糊锐化

模糊锐化应采取"两大两小"的原则，即：大数量、大细节、小半径和小蒙版。"数量"为100、"半径"为2.0、"细节"为8、"蒙版"为10。这样的组合特别适合图像的模糊锐化。

八、防抖锐化

防抖锐化应采取"一大三小"的原则，即：大数量、小半径、小细节和小蒙版。"数量"为150、"半径"为0.8、"细节"为8、"蒙版"为15。这样的组合特别适合由于相机抖动产生的严重脱焦模糊。

九、输出锐化

调整好图像后，单击"存储图像"命令，在弹出的"存储选项"对话框中，设置保存大图还是小图。

1. 保存大图

保存大图主要用于普通打印、冲印或艺术微喷；在Camera Raw中进行输出锐化，弥补在输出过程中原始数据的减少，使图像的锐度降低。在"输出锐化"设置中，锐化选择"光面纸"或"粗面纸"（取决于打印纸张）；数量选择"高"，保证作品在输出打印中，有清晰的锐度。处理JPEG文件，不建议勾选任何选项。

2. 保存小图

保存小图主要用于流媒体交流，在压缩图像的时候，图像的锐度也会降低。锐化选择"滤色"（主要用于流媒体交流），数量选择"低"。

3. 其他

如果在Camera Raw中编辑的图像，需要在Photoshop中打开，"输出锐化"则在"工作流程选项"中设置。

第二节 减少杂色高级使用技法

所有的图像都存在或多或少的杂色，这主要由相机传感器的质量以及拍摄时选择较高的ISO决定，杂色主要隐藏在图像阴影之中。图像杂色包括明亮度（灰度）杂色和单色（颜色）杂色，前者使图像呈粒状，后者使图像颜色看起来不自然。在当前呈现高品质大输出的状况下，去除照片中的杂色尤为重要。值得庆幸的是，在Camera Raw中可以很轻松地去除图像中的任何杂色。

在"减少杂色"选项中有两组6个控件，分别是"明亮度""明亮度细节""明亮度对比"和"颜色""颜色细节""颜色平滑度"。

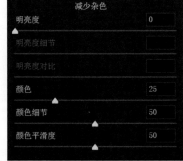

①"明亮度"可移除图像中呈粒状的亮度噪点。数值过大，使图像呈现平滑而失去锐度和细节。默认值为0。

②"明亮度细节"在明亮度移除杂色中起到阈值作用。值越高，保留的细节就越多，但产生的结果可能杂色较多。值越低，产生的结果就更干净，但也会消除某些细节。当"明亮度"数值变化时其默认值为50。

③"明亮度对比"用于控制图像明亮度对比。值越高，保留的图像纹理对比就越高，但可能会产生杂色的花纹或色斑。值越低，产生的结果就越平滑，但也可能使对比度较低。当"明亮度"数值变化时，其默认值为0。

Windows系统中按住Alt键（Mac系统中按住option键）并拖曳以上三个控件滑块，可以在图像预览中获得黑白可视化效果。

④"颜色"可减少彩色杂色。数值较大时，会使图像颜色细节流失，误伤图像中小区域固有色块，默认值为25。

⑤"颜色细节"在颜色移除杂色中起到阈值作用。值越高，边缘就能保持得更细、色彩细节更多，但可能会产生彩色颗粒。值越低，越能消除色斑，但可能会产生颜色溢出。其默认值为50。

⑥"颜色平滑度"控制杂色伪影的平滑过渡，较高的数值会使图像颜色细节减淡，默认值为50。

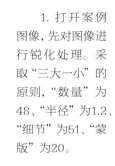

1. 打开案例图像，先对图像进行锐化处理。采取"三大一小"的原则，"数量"为48、"半径"为1.2、"细节"为51、"蒙版"为20。

2. 减少杂色最好将图像放大至400%，有利于查看微小的杂色变化效果。先移除颜色杂色，这样就可以更清晰地查看亮度（灰度）杂色，不受到颜色杂色的影响。按住空格键将图像移动至阴影区域，并将"颜色"控件向左拖曳至0，图像的颜色杂色尽收眼底。

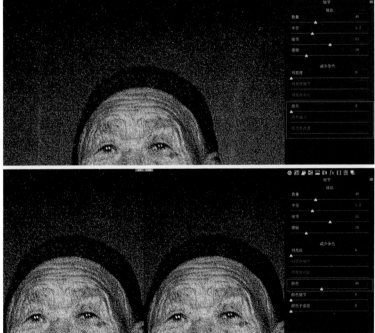

3. 眼睛盯着阴影区域最大的颜色杂色，拖曳"颜色"滑块使其变为中性色为止（颜色40）。

4. 由于数值较大，图中被子颜色有所流失，并误伤了图案中小区域固有色块。

5. 将"颜色细节"滑块拖曳至最大值100，图案中固有小色块基本恢复，但是阴影区域颜色杂色也恢复很多。

6. 将"颜色平滑度"滑块拖曳至最大值100，恢复的颜色杂色也不能很好地平滑过渡，说明根源在于颜色数值较高。

7. 最后将控件设置为"颜色"30、"颜色细节"60、"颜色平滑度"90，解决了移除颜色杂色的任务，图案中小区域固有色块也得到了很好的恢复。

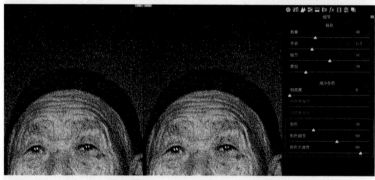

8. 接下来移除亮度杂色，眼睛盯住粒状杂色并拖曳"明亮度"滑块至它们将要融合停止。既移除亮度杂色，又挽留部分有益粒状杂色；既防止图像过度平滑，又使图像具有胶片的颗粒感。

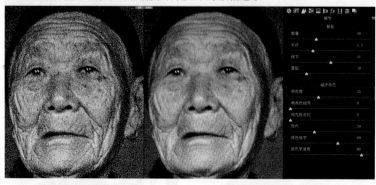

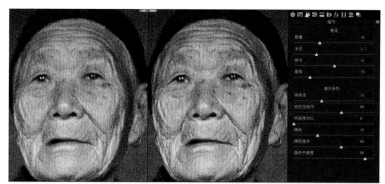

9. 将"明亮度细节"滑块拖曳至60, 恢复图像的锐度。由于提高明亮度细节而产生的杂色几乎看不到, 但是效果显著。

10. 将"明亮度对比"滑块拖曳至30, 增加图像的对比度。而由此产生的细微色斑也会在打印过程中消失。

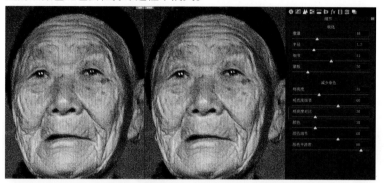

11. 调整前后对比如图所示。

　　其实,"减少杂色"两组控件也包含两组应用效果。

　　①应用效果组:"明亮度"和"颜色"起着减少杂色的作用。

　　②抑制效果组:"明亮度细节""明亮度对比"和"颜色细节""颜色平滑度", 起着抑制减少杂色的作用。

　　所以, 锐化和减少杂色都是双刃剑, 熟悉并理解控件才能掌控细节应用。

在 Camera Raw 滤镜中，有一些控件滑块可以为图像创建神奇的应用效果。

07

第七章 Camera Raw 滤镜特效

第一节 清晰度高级使用技法

"清晰度"控件在图像局部调整中至关重要。将滑块拖曳至正值时，图像的中间调对比度增强、色调分离加大，锐度似乎也增加了，这其实和锐化没有任何关系，只是由于中间调反差增加，图像的边缘立体感强了；将滑块拖曳至负值时，图像的中间调对比度减弱、色调分离弱化，图像的边缘立体感进一步削弱，图像被柔化了。

一、应用反向清晰度高级使用技法

在 Camera Raw 滤镜中，处理女士人像、花卉、雪景、小清新等图像时，向局部区域应用反向清晰度，会收到意想不到的效果。

1. 采用高调方式，为人像修图是聪明的选择。把"色温"降至−2、"色调"提至+12、"曝光"提高至+1.30、"对比度"增至+10、"高光"降至−56、"阴影"增至+25、"白色"增至+10，图像效果得到很大的改观（由于案例不是原始文件，所以没有"Adobe 配置"文件）。

2. 单击"工具栏"中的"渐变滤镜"工具，在清晰度"⊖"图标上双击两次，让"清晰度"数值降至−100。在图像的右上角处，由里向外拉出一个渐变，整个图像被添加了−100的清晰度，人像瞬间被磨皮柔化了。

3. 人像的眼睛、眉毛、红唇、头发以及花冠、戒指不需要磨皮。展开"范围遮罩"选择"颜色"，在人像脸部拖出一个颜色样本区域。

4. 按住Shift键，为人像添加第二个颜色样本。

5. Windows系统中按住Alt键（Mac系统中按住option键），将"色彩范围"滑块拖曳至7，精确查找人像皮肤，皮肤被彻底柔化了（"反向清晰度"是人像磨皮的最好控件）。

6. 选择"HSL调整"并展开"饱和度"面板，将"橙色"滑块拖曳至–16，人像皮肤瞬间美白了。

7. 展开"明亮度"面板，将"橙色"滑块拖曳至+15，人像达到肤如凝脂肌如雪的效果（"橙色"是皮肤美白的最好控件）。

8. 如果遇到较麻烦的肤色，可以在"渐变滤镜"控件处，右键单击，在弹出的对话框中选择"复制"，再次应用相同的磨皮效果（当"滤镜"控件不在图像内或处于闭合状态时，此项操作不能完成）。

9. 调整前后效果对比如图所示。

二、增加清晰度的高级实用技法

在"基本"调整面板中，给图像添加较大的清晰度。逆光拍摄的图像，具有清晰锐利的边缘区域，会出现白边现象，在滤镜中可以完美解决这个问题。

1. 打开案例图像，在"基本"调整面板中，设置如下："曝光"为–1.70、"阴影"为+42、"白色"为+73、"去除薄雾"为+20。

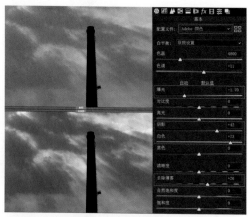

2. 在"基本"调整面板中，给图像添加+100的"清晰度"，图像边缘出现严重的白边溢出，这时使用滤镜是最佳的选择。

3. 在"工具栏"中选择"渐变滤镜"工具，在"清晰度"控件"⊕"图标上双击两次，"清晰度"为+100。在画布上由里向外拉出渐变（按住Shift键渐变走向为直线）。

4. 图像里的清晰边缘同样出现严重的白边溢出，单击具有橡皮擦功能的"画笔"，其他控件保持默认值；调整好画笔大小，让画笔实心圆刚好大于烟筒上方的内径并单击鼠标。

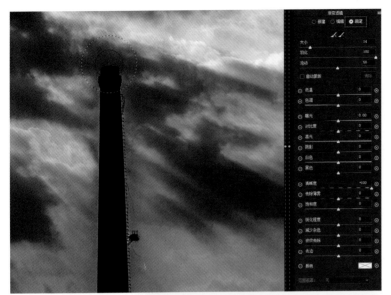

5. 调整好画笔大小，让画笔实心圆刚好大于烟筒下方的内径，按住 Shift 键并单击鼠标，两个擦除画笔会自动连成一线，完成去除白边任务。

6. 调整前后效果对比如图所示。

第二节 创建神奇光束效果特效技法

在 Camera Raw 中，利用滤镜的应用效果，配合具有橡皮擦功能的"画笔"，可以为图像创建神奇光束或区域光效果。

1. 打开案例图像，在"基本"调整面板中，设置如下："配置文件"为"Adobe风景"、"色温"为7600、"色调"为+32、"去除薄雾"为+100。

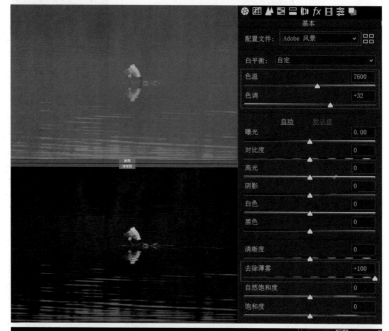

2. 选择"渐变滤镜"工具，在"曝光"控件"⊖"图标上双击，并将其修改为−1.25、"对比度"为−12、"阴影"为+30、"黑色"为+3、"色温"为−6。在画布上由里向外拉出渐变（按住Shift键渐变走向为直线）。

3. 单击具有橡皮擦功能的"画笔"，"羽化"为100、"浓度"为50，调整较小的画笔，在图像的左上角单击。

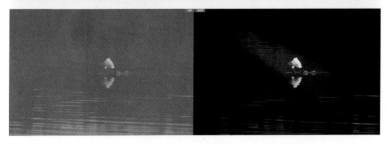

4. 调整较大的画笔，按住Shift键，在图像的右下角偏上处单击，两个擦除画笔会自动连成一线，神奇的光束出现了。

5. 在图像的右下角处单击，将画笔缩小，按住Shift键在图像左上角处单击，两个擦除画笔自动连成一线，创建了第二道光束效果。

还可以在创建的光束两边再创建光束效果，需要提醒的是，可将画笔的浓度降低至25，这样光束效果有强有弱，十分逼真。

6. 调整前后效果对比如图所示。

第三节 局部区域精细锐化高级实操技法

"调整画笔"和"渐变滤镜"是局部区域精细锐化的最佳工具，面板中的"锐化程度"控件，可以给图像应用−100到+100的锐化效果。需要提醒的是，"锐化程度"控件应用效果和细节面板中的锐化效果相同，也就是说，细节面板中的锐化效果决定"锐化程度"控件应用效果。

锐化程度	0	
减少杂色	0	
波纹去除	0	
去边	0	

给图像添加−50锐化效果时，将抹平在细节面板中的锐化效果；给图像添加−100锐化效果时，会给图像应用反向锐化，起到镜头模糊的效果。

如果在Camera Raw中调整JPEG图像，"细节"面板中的锐化默认值为0，当使用"锐化程度"控件给图像添加锐化效果时，将启用Camera Raw内置的没有蒙版的微小锐化。

一、局部区域精细锐化高级实操技法

1. 在"细节"面板中给人像进行捕获锐化："数量"为40、"半径"为0.8、"细节"为25、"蒙版"为75。

2. 在"工具栏"中选择"调整画笔"工具，在"锐化程度"控件"⊕"图标上双击，"锐化程度"滑块升至+50，在人像眼睛处精心涂抹。

局部精细锐化，调整前后效果对比如图所示。

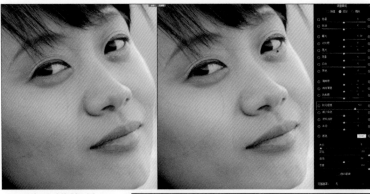

二、镜头模糊效果高级实操技法

给图像添加反向锐化效果，使其产生柔美的镜头模糊效果。

1. 打开案例图像，单击"工具栏"中的"渐变滤镜"工具。

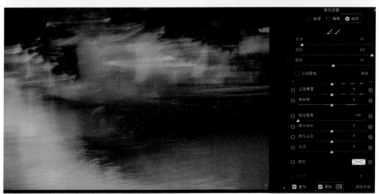

2. 在"锐化程度"控件"⊖"图标上双击两次，让锐化程度数值降至–100。在图像右下角处，由里向外拉出渐变，整幅图像应用了反向锐化效果。

3. 单击具有橡皮擦功能的"画笔"，调整好画笔大小，在画面小船处涂抹，擦除应用效果（打开面板底部的"显示叠加蒙版"，查看擦除区域）。

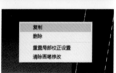

4. 为了使图像产生更大的镜头模糊效果，单击"编辑"并在图像预览中，右键单击，在弹出的对话框中选择"复制"，重复9次此操作，这相当于又重复制作了相同的9次模糊效果，这样可以让画面中有更强烈的镜头模糊效果。

5. 调整前后效果对比如图所示

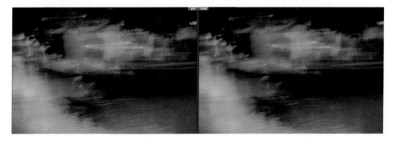

第四节 局部区域减少杂色高级实操技法

　　这张图片在第七章第二节讲过，在"细节"面板中，只能对图像的整体减少杂色，而在"滤镜"面板中，则可以给图像的阴影区域精准地消除杂色。

　　1. 所有的调整编辑和第七章第二节保持一致。

2. 选择"工具栏"中的"渐变滤镜"工具，在"减少杂色"控件"⊕"图标上双击两次，"减少杂色"滑块升至+100，在画布上由里向外拉出渐变，整幅图像应用了减少杂色效果。

3. 展开"范围遮罩"选择"明亮度"，Windows系统中按住Alt键（Mac系统中按住option键）并拖曳部分相对应的高光"亮度范围"滑块至47，平滑度保持不变，白色区域应用效果，黑色区域被遮挡。

4. 将图像放大至200%，观察应用的效果是否合适，如果阴影区域出现平滑现象，要边观察边降低"减少杂色"的数值，如果效果不够，可以再次操作，本案例保持效果不变。

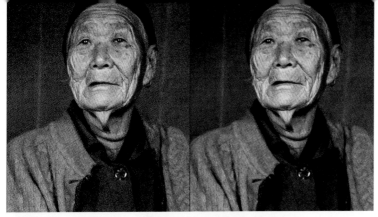

第五节 修补高光"死白"高级实操技法

在一些高反差的
图像中，很容易出现
局部区域高光"死白"
现象，通过下面的技
法，可以为图像进行
高光"死白"修补。

1. 案例图像右边
出现高光"死白"现象。

2. 在"工具栏"中选择"污点去除"工具，调整好画笔大小，在高光
"死白"区域精心涂抹（涂抹区域不能出现中空现象），并将"羽化"拖曳
至100，"不透明度"拖曳至30，让高光"死白"区域叠加上淡淡的影纹。

3. 选择"工具栏"中的"调整
画笔"工具，在面板"色温"控件
"⊕"图标上单击，并将"色温"控
件滑块修正为34；单击"颜色"样
本框图标，在弹出的"拾色器"选
项中，将"色相"调整为30并单击
"确定"。

4. 调整好画笔大小，在图像高
光区域进行涂抹上色。

5. 展开"范围遮罩"选择"明亮度"，拖曳阴影部分对应的"亮度范围"滑块至88，拖曳"平滑度"控制滑块至22，完成给叠加的影纹添加暖色调的命令。

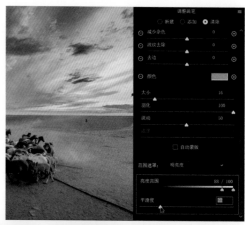

6. 调整前后效果对比如图所示。

第六节 波纹去除高级使用技法

波纹去除就是消除照片中摩尔纹即亮度伪影。相机感光元件像素的空间频率与影像中条纹的空间频率接近，就会在图像中产生放大的波纹伪影。要想消除摩尔纹，只要离拍摄物体远一些、改变机位角度或更换镜头即可。现在的数码相机安装了低通滤波器，可以有效滤除影像中的摩尔纹。

在"工具栏"中选择"渐变滤镜"工具，在"波纹去除"控件"⊕"图标上单击，"波纹去除"滑块升至+25，在画布上由里向外拉出渐变，边观察边修正滑块数值，直到摩尔纹刚好消失，案例将"波纹去除"数值修正为+57。摩尔纹的去除也会使图像的饱和度降低，所以在操作时还可以适量增加饱和度来应用效果。

调整前后效果对比如图所示。

第七节 去除薄雾高级使用技法

"去除薄雾"是笔者十分喜欢的控件之一，可以给图像添加薄雾或去除薄雾，去除图片中的灰度是它的优势。如果想给图像的局部区域应用效果，必须回到滤镜中。

有些图像需要去除薄雾，而有些图像却需要在局部区域添加薄雾，营造气氛。

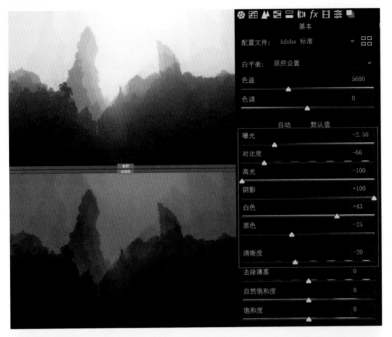

1. 打开案例图像，在"基本"调整面板中设置如下："曝光"为−2.50、"对比度"为−66、"高光"为−100、"阴影"为+100、"白色"为+43、"黑色"为−25、"清晰度"为−20。

2. 选择"渐变滤镜"工具，在"去除薄雾"控件"⊖"图标上双击两次，"去除薄雾"滑块移动至−100。由底向上拉出渐变，图像应用了线性渐变效果。

3. 想再给图像的阴影区域添加薄雾，在画布上由里向外，再拉出一个渐变，将"去除薄雾"修改为−25。展开"范围遮罩"选择"明亮度"，拖曳高光部分对应的"亮度范围"滑块至73，拖曳"平滑度"控件滑块至41，一副淡墨山水画跃然入镜。

4. 调整前后效果对比如图所示。

在 Camera Raw 中批量处理图像，可以为后期图像
处理节省很多时间，提高修图效率。

08

第八章 在 Camera Raw 中批处理

第一节 全手动批处理高级实操技法

影调相似的一组图像，均可在 Camera Raw 中进行全手动批处理。

1. 选择要批处理的图像，在 Camera Raw 中打开。

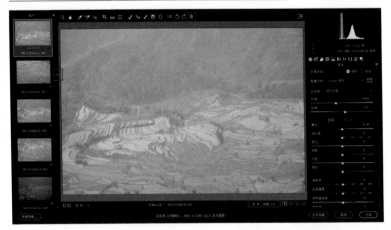

在"胶片"窗格中，用鼠标拖动垂直分隔栏可以扩展或收缩"胶片"窗格的空间大小，双击可隐藏"胶片"窗格，再次双击恢复"胶片"窗格。

在"胶片"窗格模式下，工具栏出现"切换删除标记"图标 ▦，单击可将选中图像标记为删除，在标记为删除图像的缩览图中，将显示一个红色X，再次单击取消删除标记。标记为删除的图像在单击"完成"或"打开图像"时完成删除命令。

在"胶片"窗格模式下，Windows系统中按住Ctrl键（Mac系统中按住command键），并单击数字键1~9可为选中图像做评级和标签。

单击图像预览底部的浏览箭头可翻阅图像。

展开胶片菜单，单击"全选"可批处理图像，单击"选择已评级的图像"，将自动选中已评级的图像。

2. Windows系统中按Ctrl+ A 为全选（Mac系统中按command+A），按住Shift键，在基本调整面板中依次双击各控件滑块（"清晰度"和"去除薄雾"除外），"配置文件"选择"Adobe 鲜艳"，所有图像瞬间被同步调整完成。

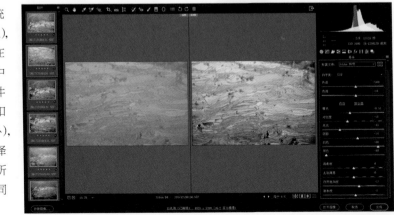

第二节 同步设置高级使用技法

在Camera Raw中批量处理图像，全部选中图像，调整任意控件滑块（"局部调整"除外），可实现即时同步调整。如果要对图像进行局部调整，就要采取单幅调整后再使用同步设置达到批处理的目的。

1.选择要批处理的相似图像，在Camera Raw中打开。对其中一幅图像进行单独影调调整（使用"范围遮罩"，给高光区域添加暖色调）。

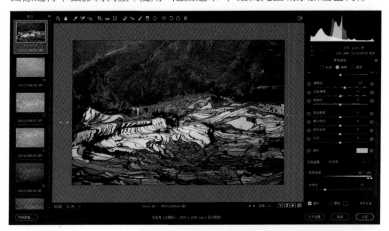

2.展开胶片菜单，"全选"后再选择"同步设置"。

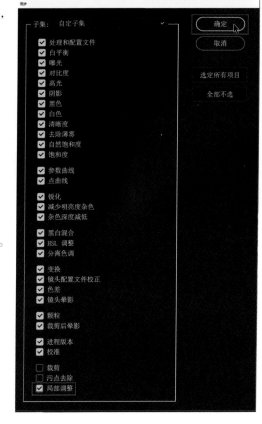

全选	Ctrl+A
选择已评级的图像	Ctrl+Alt+A
同步设置...	Alt+S
合并到 HDR...	Alt+M
合并到全景图...	Ctrl+M
合并为 HDR 全景...	

3.在弹出的"同步设置"选项中勾选"局部调整"并单击"确定"。

4. 所有图像即可实现即时同步局部调整。

第三节 在 Bridge 中批处理高级实操技法

在 Bridge 中，也可以实现批量处理相似的图像。

1. 如果刚刚调整了一幅图像，想把它的应用效果，复制到相似的图像中，可在 Bridge 内容面板中，选择要复制应用效果的图像，单击右键，在弹出的对话框中选择"开发设置"中的"上一次转换"即可。

选择"开发设置"中的"Camera Raw 默认值"，将取消选择图像所有应用效果。

2. 如果 Bridge 记忆中的上一步操作不是案例图像，可选择图像，单击右键，在弹出的对话框中选择"开发设置"中的"复制设置"。

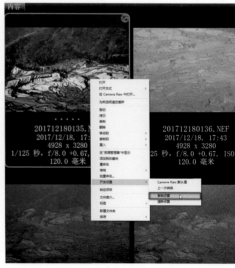

3.选择相似的图像，单击右键，在弹出的对话框中选择"开发设置"中的"粘贴设置"。

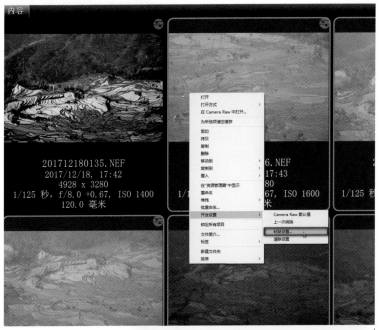

4. 在弹出的"同步"选项中勾选"局部调整"并单击"确定"，在 Bridge 中批量处理图像完成。

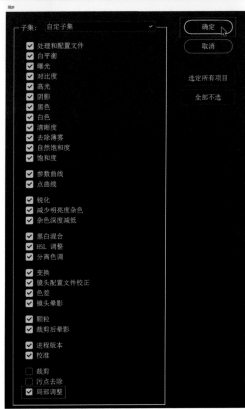

第四节 利用快照批处理高级实操技法

如果在"快照"面板中，为编辑后的图像保存了快照，则可以使用它对相似的图像快速地批量应用调整效果。

1. 案例图像在"快照"面板中保存了快照。

2. Windows系统中按快捷键Ctrl+A（Mac系统中按command+A）选择所有图像，在"基本调整"面板右上角，将Camera Raw设置菜单展开，在"应用快照"里单击快照名称即可批量应用调整效果。

第五节 播放动作预设批处理图像高级实操技法

在Camera Raw中播放动作预设对图像进行批处理，需要提前在Camera Raw中创建并保存预设，或者使用Camera Raw提供的内置预设。

选择要批处理的图像，在Camera Raw中打开，并全部选择图像，单击"预设"面板，在"懒汉调图"组别中选择"懒汉调美女"完成批处理。

以"懒汉调美女"为例，详细讲解如何创建自己个性化的动作预设，及安装预设的方法。

一、创建个性化的动作预设

预设可分为闭合式预设和开放式预设。闭合式预设指动作预设不能相互叠加应用，有利于挑选预设并预览应用效果，一般应用于对图像总体的预设。开放式预设指动作预设可以相互叠加应用，有利于逐一添加并预览应用效果，一般应用于单项面板的子集预设。

1.闭合式预设

在"懒汉调美女"预设中，做了如下动作记录。

(1)在"效果"面板"裁剪后晕影"中，"样式"为"高光优先"、"数量"为−10、"中点"为0、"圆度"为0、"羽化"为100、"高光"为0。

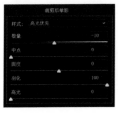

(2)在"镜头校正"面板中，勾选"删除色差"和"启用配置文件校正"。

(4)在"HSL调整"面板中，将"橙色明亮度"升至+20。

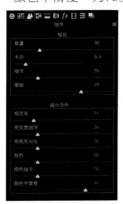

(5)在"细节"面板，"锐化"设置中，"数量"为40、"半径"为0.8、"细节"为25、"蒙版"为70。在"减少杂色"设置中，"明亮度"为21、"明亮度细节"为25、"明亮度对比"为25、"颜色"为25、"颜色细节"为25、"颜色平滑度"为75。

(3)在"HSL调整"面板中，将"橙色饱和度"降为−20。

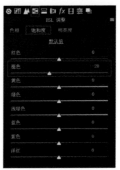

(6)在"色调曲线"面板的"参数"设置中，"高光"为0、"亮调"为+20、"暗调"为+50、"阴影"为+10。

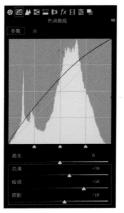

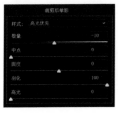

175

第八章 在 Camera Raw 中批处理

(7) 在"基本"调整面板中，"配置文件"为"Adobe人像"，"清晰度"为−20，并选择"应用自动色调调整"。

(8) 在"基本"调整面板右上角，展开Camera Raw设置菜单，选择"存储设置"。

(9) 在"存储"设置子集中取消"白平衡"、"曝光"、"对比度"、"高光"、"阴影"、"黑色"、"白色"、"自然饱和度"、"饱和度"的勾选，在"自动"设置中勾选"应用自动色调调整"并单击"存储"。

(10) 在弹出的默认保存位置中（C:\Users\Administrator\AppData\Roaming\Adobe\CameraRaw\Settings），键入名称并单击"保存"完成存储。

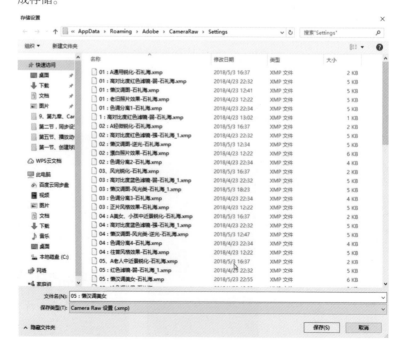

(11) 新建"预设"，在"预设"面板"用户预设"组别中显示。

(13) 在弹出的"移动预设"组中选择"新建组"。

(14) 在弹出的"新建"组中，键入名称并单击"确定"，然后在软件自动弹出的窗口中再次单击"确定"即可移动此预设。

(15)"用户预设"组别因没有了预设而自动消失，新预设被移动到新创建的"懒汉调图"组别中。

(12) 当创建的预设较多时，可以采用分组管理预设的方式。在单项预设栏中，单击右键，在弹出的预设设置中选择"移动预设"。

(16) 在"预设"面板中单击右键，弹出预设管理选项，可以对预设组进行管理或导入配置文件。

(17) 单击"管理预设"，取消组别的勾选，可以隐藏预设组。

2.开放式预设

以老人中近景锐化为例,选择要批处理的图像,在Camera Raw中打开,全选图像并单击"预设"面板,在"锐化"组别中选择"老人中近景锐化",所有图像在保持影调不变的情况下叠加了锐化效果。

(1)在"细节"面板,"锐化"设置中,"数量"为65、"半径"为1.4、"细节"为75、"蒙版"为8。在"减少杂色"设置中,"明亮度"为19、"明亮度细节"为75、"明亮度对比"为75、"颜色"为25、"颜色细节"为25、"颜色平滑度"为75。

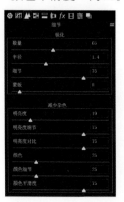

(2)在"基本"调整面板右上角,展开Camera Raw设置菜单,选择"存储设置"。

3.快速安装预设的高级使用技法

不管是自己创建的预设还是从别人处拷贝或网络下载的预设,如何快速安装预设才是首要任务。

(1)展开"基本"调整面板右上角的Camera Raw设置,选择"存储设置"。

(3)在存储设置子集中仅勾选"锐化"、"减少明亮度杂色"、"杂色深度减低"并单击"存储",余下操作步骤可参考闭合式预设。

(2)在弹出的"存储设置"中直接单击"存储"。

(3)在弹出的默认保存路径中单击并右键选择复制。

(4)打开任意文件夹,在路径栏中单击并右键选择粘贴,按回车键,即可找到保存预设的源文件位置。

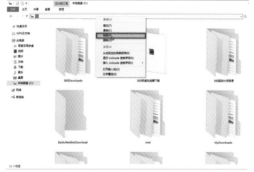

(5)将预设复制到Settings文件夹里。

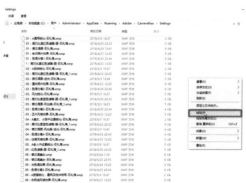

(6)要安装滤镜预设和点曲线预设，可单击"Settings"的父文件夹"CameraRaw"。

(7)将滤镜预设和点曲线预设分别复制到"LocalCorrections"和"Curves"文件夹里。

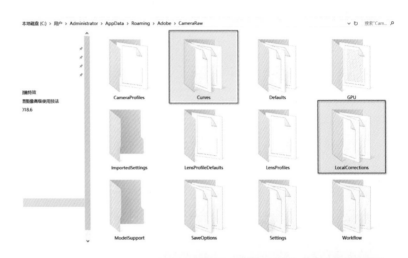

(8)Mac用户的安装方法和Windows用户略有不同，按住option键并展开"前往"菜单，打开"资源库"文件夹。

(9)选择"App-lication Support"文件夹并将其打开。

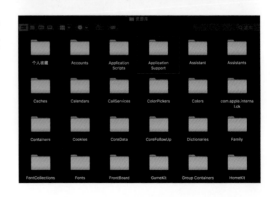

(10)打开"Adobe"文件夹。

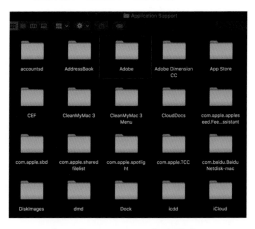

(11)打开"CameraRaw"文件夹。

(12) 将"预设"面板中的预设、滤镜预设和点曲线预设分别复制到"Settings"、"LocalCorrections"和"Curves"文件夹里，预设安装完成。

在 Camera Raw 中对图像进行色调调整，不仅简单快捷，更能充分发挥 RAW 格式文件的宽容度，是制作高品质图像的有力保证。

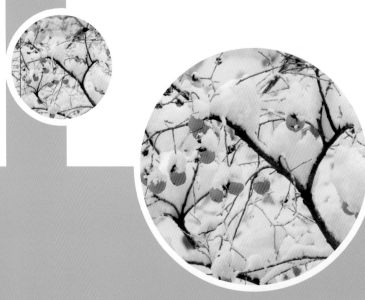

09

第九章 Camera Raw 调色高级使用技法

第一节 色温、色调调色技法

真实的色彩未必能有效传达照片的意境，这就需要艺术渲染魅力的达成与提升。

在 Camera Raw 中打开案例图像，设置如下："配置文件"为"Adobe 风景"、"色温"为4200、"色调"为+7。图像神秘而宁静，色调渲染效果很成功。

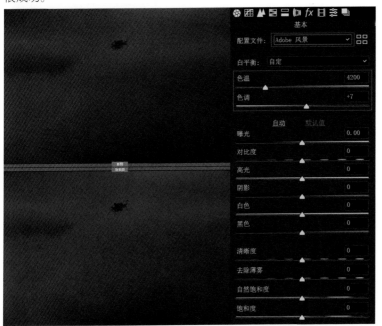

第二节 目标调整工具调色高级使用技法

虽然使用"目标调整工具"可以实现对图像色彩的精确调整，但是有一种调色秘籍也应该掌握，即如何在"目标调整工具"面板中增强主题色，弱化陪体色。

1. 在 Camera Raw 中打开案例图像，在工具栏中单击"目标调整工具"并单击鼠标右键，在弹出的对话框中选择"色相"。

2. 单击柿子颜色并向左拖曳"红色"至-4、"橙色"至-25。

3. 单击鼠标右键选择"饱和度"，单击柿子颜色并向右拖曳"红色"至+8、"橙色"至+56。

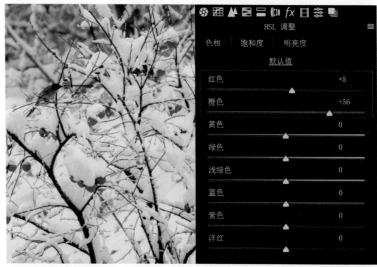

4. 单击鼠标右键选择"明亮度"，单击柿子颜色并向右拖曳"红色"至+8、"橙色"至+55。

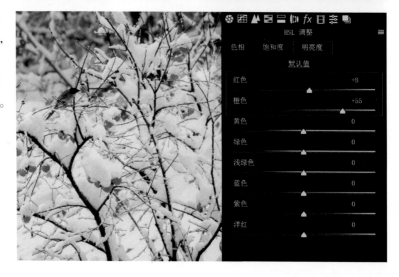

5. 单击鼠标右键选择"饱和度"，单击鸟儿羽毛颜色并向右拖曳"浅绿色"至+2、"蓝色"至+15。

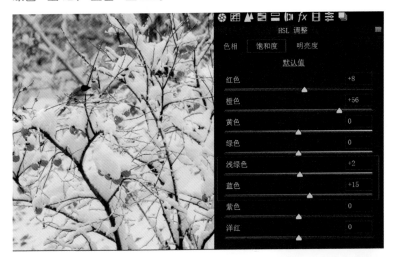

6. 在"饱和度"面板中，将"黄色"向左拖曳至–60、"绿色"至–60、"紫色"至–60、"洋红色"至–60，它们不是主题色，需要弱化处理。

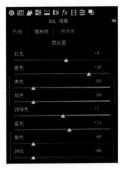

7. 降低陪体饱和度的数值以过渡自然为好，这没有具体的参照标准。

调整前后效果对比如图所示。

第三节 局部调色高级使用技法

图像中的色彩，传达着摄影师的感受，同时也影响着观者的情绪，把握图像中的色调，也就掌控着内容的有效表达。所以，学会在Camera Raw中进行局部精细调色，显得尤为重要。

一、局部绘制法

局部绘制调色法，就是使用调整画笔工具，对图像局部区域进行精细绘制色调效果的技法。

1. 在Camera Raw中打开案例图像，在"基本"调整面板中，设置如下："配置文件"为"Adobe风景"、"色温"为4300、"色调"为–9、"对比度"为–43、"高光"为–56、"阴影"为+84、"黑色"为+25、"清晰度"为+13、"自然饱和度"为+23。

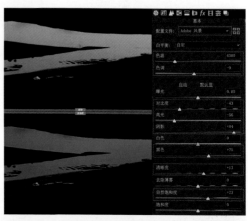

2. 在工具栏中单击"调整画笔"工具，在"曝光"控件"⊕"图标上双击，"曝光"滑块快速移动至+1.00，将"色温"滑块拖曳至+57，勾选"自动蒙版"启动画笔智能遮挡模式，在帐篷处小心绘制。

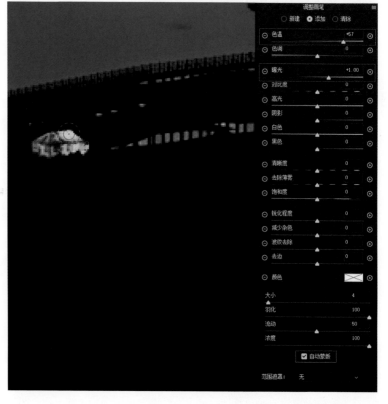

3. 调整前后
效果对比如图所示。

二、褪色叠加法

　　褪色叠加法，就是使用调整画笔或渐变滤镜工具，对图像局部区域进行褪色并加色的技法。特殊场景，可以进行完全褪色，来叠加色调效果。

　　1. 在 Camera Raw 中打开案例图像。

2.在工具栏中单击"渐变滤镜"工具并设置如下："色温"–45、"高光"–15、"饱和度"–18。在画布上由里向外拉出渐变效果，展开"范围遮罩"选择"颜色"，在图像的水面上拖出颜色样本。

3.Windows系统中按住 Alt 键（Mac 系统中按住 option 键）并单击"色彩范围"控件滑块，在黑白可视化效果的协助下，将"色彩范围"滑块拖曳至34，只有水面应用了褪色叠加效果。

4.调整前后效果对比如图所示。

第四节 低饱和调色高级使用技法

鲜艳的色彩表达着摄影师愉悦的情感，淡雅的色彩表达着摄影师记忆或抑郁的感情。所以，低饱和调色在图像在后期制作中比较盛行。

一、自然饱和度褪色法

在 Camera Raw 中制作低饱和图像，自然饱和度控件起着至关重要的作用。当降低自然饱和度数值时，该调整对原饱和度较高的颜色影响较小，对原饱和度较低的颜色影响较大。

在 Camera Raw 中打开案例图像。在"基本"调整面板中将"自然饱和度"降低至–30、"饱和度"降低至–10，完成低饱和调图任务。

二、目标调整工具褪色法

目标调整工具可以增强图像局部色彩的强度，也可以降低图像局部色彩的强度，这种技法多应用于饱和度高中有低的图像调色中。

1. 在 Camera Raw 中打开案例图像，在"基本"调整面板中，设置如下："配置文件"为"Adobe 人像"、"色温"为6550、"色调"为–3、"曝光"为+1.00、"对比度"为+8、"高光"为–98、"阴影"为+48、"白色"为+43、"黑色"为–41、"清晰度"为+20、"去除薄雾"为+18。

2. 在工具栏中单击"目标调整"工具，单击鼠标右键选择"饱和度"，在妇女衣服上，选择红色并向左拖移"红色"至–15、"橙色"至–3。孩子的母亲是第一陪体，降低的数值较小为好。

3. 在孩子爷爷衣服上，选择蓝色并向左拖移"蓝色"至–40、"紫色"至–1。

4. 在孩子父亲裤子上，选择绿色并向左拖移"黄色"至–60、"绿色"至–33。

5. 调整前后效果
对比如图所示。

三、滤镜蒙版法

滤镜蒙版法就是利用 Camera Raw 中滤镜工具，先对图像整体降低
饱和度，使用具有橡皮擦功能的画笔擦除要突出的局部区域。

1. 在 Camera Raw 中打开案例图像，在工具栏中选择"渐变滤镜"
工具，设置"饱和度"控件滑块为 –31，在画布上由内向外拉出渐变效果。

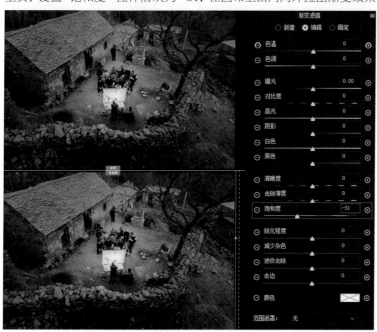

2. 选择"面板"顶部的具有橡皮擦功能的"画笔","羽化"和"流动"保存默认值，调整好画笔大小，在主题区域精心涂抹。

选择"面板"底部的"蒙版"选项，在图像预览中显示蒙版叠加效果，协助查看涂抹区域完成效果。

3. 调整前后效果对比如图所示。

四、高对比度欠饱和技法

高对比度欠饱和的制作方法，是在自然饱和度褪色法的基础上，加大图像的反差，笔者更喜欢采用压黑提白的方式，增加图像的反差。

在Camera Raw中打开案例图像，在"基本"调整面板中，设置如下："曝光"为 –2.10、"白色"为 +76、"自然饱和度"为 –60，"饱和度"为 –10，高对比度欠饱和图像制作完成。

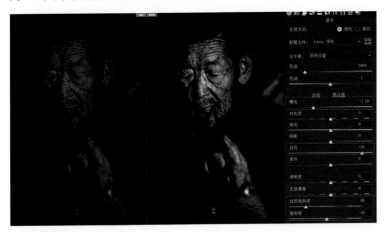

五、褪色的 HDR 效果

褪色的HDR效果，就是在基本调整面板中，对图像进行超自然的褪色的HDR调整。其中，对比度、高光、阴影、白色、黑色、清晰度是创建HDR效果的关键，自然饱和度是褪色的手段。

1. 在Camera Raw中打开案例图像。

2. 在"基本"调整面板中，设置如下："配置文件"为"Adobe人像"、"曝光"为+0.80、"对比度"为+100、"高光"为−100、"阴影"为+100、"白色"为−100、"黑色"为+100、"清晰度"为+100、"去除薄雾"为+17、"自然饱和度"为−60、"饱和度"为−50，褪色的HDR效果制作完成。

第五节 制作电影色调效果

　　具有幽默诙谐的场景或戏剧化情节的图像，更适合制作电影色调效果。制作电影色调效果的方法很多：可以在"点"面板中，使用颜色通道制作电影色调效果；在分离色调面板中，通过向高光和阴影区域添加不同的色调制作电影色调效果；还可以在校准面板中通过调整阴影、红原色、绿原色和蓝原色来制作电影色调效果。下面推荐两种简单便捷的制作方法，供参考。

一、利用配置文件和内置预设制作电影色调效果

　　使用Camera Raw提供的配置文件和内置预设制作电影色调效果，是简单便捷的制作方法。

　　1. 使用配置文件制作电影色调效果

　　(1) 在Camera Raw中打开案例图像，在"基本"调整面板中，展开"浏览配置文件"。

(2) 在"艺术效果"选项中，可以逐一选择并查看预览效果，本案例选择"艺术效果04"。

2. 使用内置预设制作电影色调效果

在"预览"面板中，展开"创意"内置预设，选择"蓝绿色和红色"完成调色命令。

二、使用"颜色"样本框制作电影色调效果

使用滤镜面板中的"颜色"样本框，在拾色器中挑选颜色样本，可以给图像制作各种电影色调效果。

1. 在Camera Raw中打开案例图像，在工具栏中选择"渐变滤镜"工具。

2. 在"颜色控件"的"⊖"图标上双击两次，单击"颜色"样本框图标，在弹出的"拾色器"中，将"色相"修改为193。电影色调的强度由"饱和度"控件滑块管控，本案例保持其默认值。

3. 在画布上由内向外拉出渐变效果，还可以再次弹出"拾色器"，选择不同的颜色样本及饱和度，制作多种电影色调效果。

调整前后效果对比如图所示。

如何创建高品质黑白图像，一直是备受关注的话题。在 Camera Raw 中转换黑白图像，可以充分发挥 RAW 格式文件的优越性，这是高品质黑白图像的有力保证，也是创建高品质黑白图像的最佳途径。具体讲，优点还有：黑白混合面板控件多，有利于对图像特定颜色进行更加精确的调控；Camera Raw 提供了多种黑白预设且效果显著；可以轻松地为黑白照片着色；能充分利用物体本身的固有色彩，提高或降低物体本身的明度值；操作简单、快捷、实用，容易上手。

10

第十章　创建高品质黑白图像

第一节 自动混合法

1. 在Camera Raw中打开案例图像，直接在"基本"调整面板处理方式中选择"黑白"。

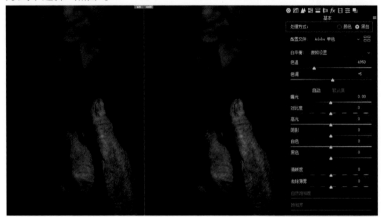

2. 由于Camera Raw将原始图像渲染为单色，故"黑白混合"面板内各颜色滑块默认值为0。

3. 选择"黑白混合"面板中的"自动"，Camera Raw将根据原始图像的颜色值，自动设置灰度混合，并使灰度值的分布最大化。自动混合通常会产生极佳的效果，并可以用作使用颜色滑块，调整灰度值的起点，保证图像的整体色调、亮度和对比度不会出现大的波动。

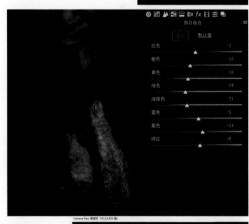

要将照片转换为灰度照片时，自动应用灰度混合，可在Camera Raw首选项对话框"默认图像设置"中，勾选"转换为黑白时应用自动混合"。

4. 在"基本"调整面板中设置"白色"为 +42、"清晰度"为 +21、"去除薄雾"为 +14。

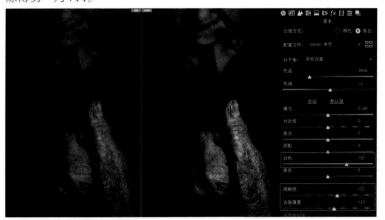

第二节 启用配置文件转换法

将配置文件应用于图像的黑白转换，效果很好，且非常实用。这些配置文件是开放式的叠加应用，不会更改或覆盖其他控制滑块的数值。

黑白配置文件里有17种滤镜模式，总有一项符合制作要求。并且，黑白配置文件还额外提供一个数量滑块，它允许控制配置文件滤镜效果的强度，是革命性的控件滑块。因此，只需要挑选配置文件即可。

滤镜效果原理及数量控件用法

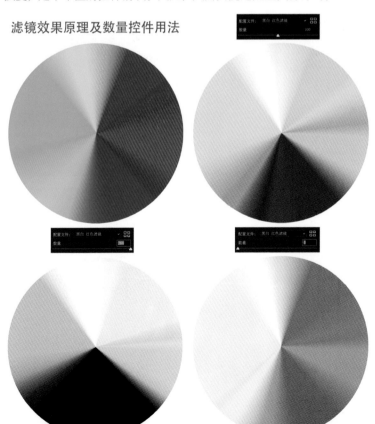

使用黑白数量滑块，需要先了解滤镜效果原理。滤镜只让同色的光通过，互补色完全阻挡，互补色左右的阻挡依次减少。也就是说，数量滑块数值增高，同色光明度会增高，互补色明度会降低；数量滑块数值减弱，效果相反。（图中选择红色滤镜）

至于选择哪种黑白滤镜效果，最简单的办法是用鼠标移动到任意"配置文件"上，并预览其效果，单击"配置文件"完成效果应用。

1. 在Camera Raw中打开案例图像，在"基本"调整面板右侧，单击"配置文件浏览器"图标 ▦。

2. 在"黑白"配置文件中选择"橙色"滤镜，单击"配置文件"浏览器面板右上角的"关闭"，返回"基本"调整面板。

3. 在"基本"调整面板中设置如下："数量"为117（增强滤镜效果的强度）、"高光"为−75、"阴影"为+50，完成黑白效果转换。

第三节 内置预设动作转换法

在"预设"面板中，Camera Raw存储了7组预设集，分别是闭合式"颜色"、"创意"和"黑白"预设集，开放式"颗粒"、"曲线"、"锐化"和"晕影"预设集。

一、Camera Raw 默认预设动作转换法

展开"黑白"预设集，鼠标在预设动作上移动，逐一预览效果，单击"黑白风景"应用预设效果。"黑白风景"预设很像绿色滤镜效果，压暗了天空，突出了主题。其他9项预设均叠加了基本调整，最后3项预设还叠加了色调分离应用，效果令人满意。

调整前后效果对比如图所示。

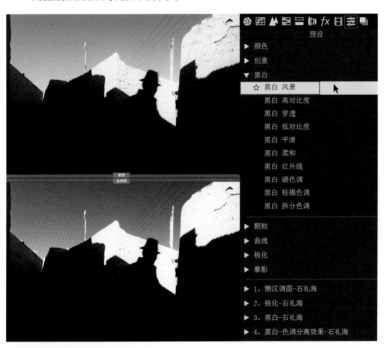

二、个性化预设动作转换法

本书预设了19种黑白和10种黑白色调闭合式预设效果，可在光盘中拷贝安装（安装方法详见第八章第五节）。

在Camera Raw中打开案例图像，选择"预设"面板，展开"黑白"组，使用鼠标在预设动作上移动，逐一预览效果，单击"01高对比度红色滤镜—弱"应用预设效果。

调整前后效果对比如图所示。

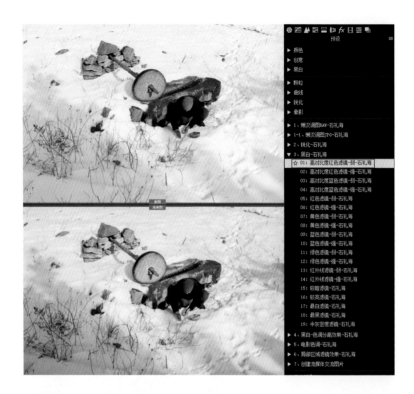

第四节 "黑白混合"调整法

在使用"黑白混合"调整影调前，千万不要对图像做任何影调的调整。只有这样，才能发挥"黑白混合"的强大魅力，利用物体本身的固有色，提高或降低物体本身的明度值。而提高物体明度时，几乎不产生噪点。如果使用其他方式来提高区域明度值，将产生大量噪点。

1. 在Camera Raw中打开案例图像，直接在"基本"调整面板处理方式中选择"黑白"。

2.在工具栏中选择"目标调整工具"（快捷键为T），在图像预览中，单击鼠标右键选择"黑白混合"。

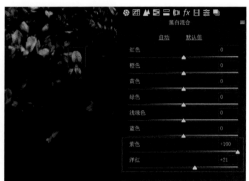

参数曲线	Ctrl+Shft+Alt+T
色相	Ctrl+Shft+Alt+H
饱和度	Ctrl+Shft+Alt+S
明亮度	Ctrl+Shft+Alt+L
黑白混合	Ctrl+Shft+Alt+G

3."基本"调整面板自动切换成"黑白混合"面板，面板内颜色滑块值均为0。

4.将图像放大至100%，按住空格键移动画面。选取野花颜色，按住鼠标向右拖曳至"紫色"+100，"洋红"+21。

5.野花明度值提高，没有产生噪点。

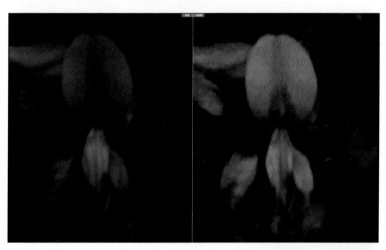

6.在蓝天上选取点，按住鼠标向左拖曳至"蓝色"−64，"浅绿色"−2，恢复天空的层次。

7. 在人物面部选取点，按住鼠标向右拖曳至"红色"+45，"橙色"+80，与人物皮肤相同颜色的区域，细节得到了恢复。

8. 在小草叶子上选取点，按住鼠标向右拖曳"黄色"至+42，"绿色"至+57，图像中间调细节更加丰富。

9. 使用"黑白混合"调整前后效果对比如图所示。

第五节 给黑白图像添加色调效果

在Camera Raw中，黑白图像不含任何颜色数据。给黑白图像添加单色调、双色调或多色调效果，是很多专业摄影师十分珍爱的调色秘籍。可以使用Camera Raw中的"分离色调"、"色调曲线"和"滤镜"来实现添加色调的目的。

一、"分离色调"调色技法

在"分离色调"面板中，给黑白图像着色十分简单，效果也极佳。可以给图像添加一种色调，也可以生成分离色调效果，从而对图像的阴影和高光区域，应用不同的个性化的色调效果。

1. 添加单色调技法

再次打开本章第一节调整过的案例，在"分离色调"面板中，将阴影区域"色相"滑块拖曳至216，"饱和度"滑块拖曳至10；整幅图像被附着上了淡淡的冷色调，色调和环境相得益彰。

添加单色调调整前后效果对比如图所示。

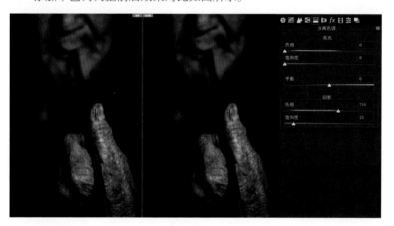

2. 添加双色调技法

打开本章第二节调整过的案例，在"分离色调"面板中，将高光区域"色相"滑块拖曳至45，"饱和度"滑块拖曳至20；将阴影区域"色相"滑块拖曳至212，"饱和度"滑块拖曳至20；将"平衡"滑块向左拖曳至−30，色调开始分离并偏向于冷色。

黑白图像的高光区域被添加了暖色调，阴影区域被添加了冷色调，黑白图像不再单薄，更加深邃迷人。

添加双色调调整前后效果对比如图所示。

二、"色调曲线"添加色调技法

笔者喜欢在"色调曲线"的"点"中用颜色通道给黑白影像加入多色调，创建自己独特的具有深邃之美的黑白色调。

1. 打开本章第三节案例，在"基本"调整面板中，设置如下："曝光"为-0.40、"高光"为-78、"阴影"为+60、"黑色"为+44、"清晰度"为+10。

2. 在"点"面板的"通道"中，设置如下："蓝色"通道"输入值"为174、"输出值"为148；"绿色"通道第一个调整点"输入值"为16、"输出值"为0，第二个调整点"输入值"为153、"输入值"为140；"红色"通道"输入值"为167、"输出值"为144。

"色调曲线"添加色调前后效果对比如图所示。

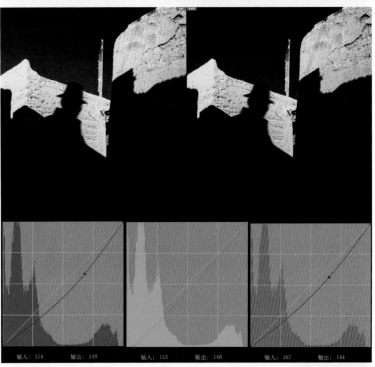

3. 如果喜欢这种三色调整色调的画面效果，可以把它保存下来，方便下次使用时，直接从点曲线预设中，选取调用。将Camera Raw设置菜单展开，选择"存储设置"。

4. 在弹出的"存储设置"选项中，单击"全部不选"。

5. 然后选择"点曲线"并单击"存储"。

6. 在弹出的"存储设置"文件夹中键入文件名，单击"保存"完成存储预设命令。

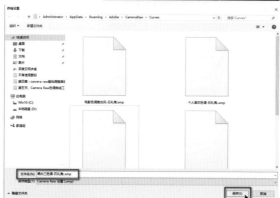

三、"滤镜"工具添加色调技法

在"滤镜"工具里给图像添加色调的好处是：使用滤镜里的"范围遮罩"蒙版功能，对图像局部区域进行精准的色调应用。

打开本章第四节调整过的案例，选择"渐变滤镜"工具，在"颜色"控件"⊕"图标上双击，单击"颜色"样本框图标，设置"色相"为80，"饱和度"为15，在画布上由里向外拉出渐变应用效果。

当然，还可以使用滤镜里的"范围遮罩"蒙版功能，对不同区域添加不同的色调，创建个性化的黑白色调效果。

调整前后效果对比如图所示。

第六节 色温、色调调节明度法

在使用"黑白混合"调整法时，了解了图像色彩信息的重要性，可以用于调节相同颜色的明度值。如果想调节相同颜色而明度值不同，可以使用滤镜面板中的色温、色调来改变特定区域的颜色，从而达到调节明度值的目的。

在基本调整面板中，调整色温、色调可整体调节图像的明度值。

1.在Camera Raw中打开案例图像，在"基本"调整面板右侧，单击"配置文件浏览器"图标 。在"黑白"配置文件中选择"黑白红色滤镜"，"数量"调整至145（增强滤镜效果的强度），完成黑白效果转换。

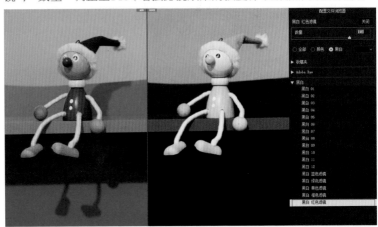

2.在工具栏中选择"调整画笔"工具，在色温控件"⊖"图标上双击二次并勾选"自动蒙版"功能。调整好画笔大小，在玩具帽子处精心涂抹。玩具帽子的颜色由于添加了冷色调，在红色滤镜模式下受到阻挡而被压暗。

图像转换为黑白效果，Camera Raw依然清晰记得物体的固有色彩，所以当调整画笔开启智能遮挡模式（自动蒙版）时，遮挡功能依然有效。

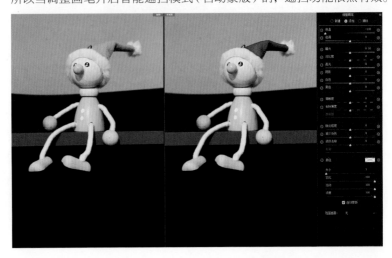

3. 感觉玩具帽子还不够暗，将色调拖曳至+100，玩具帽子又变暗了。如果想得到更强的应用效果，在调整画笔圆形图钉处，右键单击选择"复制"。需要提醒的是：将色温、色调反向设置，帽子将变亮。

4. 使用调整画笔对图像局部进行色温、色调调整，调整前后效果对比图。

在 Camera Raw 中，可以创建高品质的、全新智能化的全景合成图像，并且得到一张 .DNG 格式的原始图像，而在 Photoshop 中合成全景图像将得到 8 位的 Photoshop 图像。需要提醒的是，在拍摄全景图像时，每张图片的重叠应在 20% 左右，否则创建不能完成。

11

第十一章　Camera Raw 全景图像
合成高级使用技法

第一节　创建球面投影全景图像高级实操技法

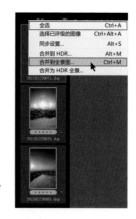

球面投影模式非常适合上下多行拍摄或超宽幅全景图，它能自动对齐并转换图像，就像是映射到球形内部的影像效果。

1.打开要合成全景图的图片，在胶片菜单中选择"全选"（Windows系统的快捷键为Ctrl+A，Mac系统的快捷键command+A），并单击"合并到全景图"（Windows系统的快捷键为Ctrl+M，Mac系统的快捷键为command+M）。

2.在弹出的"全景合并预览"对话框中，选择默认"球面"投影模式并取消"自动裁剪"功能。

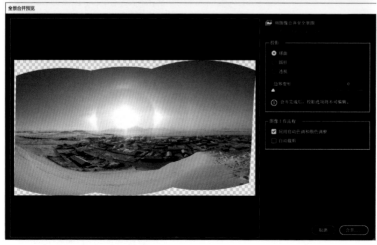

3.被裁剪掉的图像扭曲部分全部还原回来。

4.将"边界变形"控件滑块拖曳至100，对全景图像进行校正变形并填充画布，被裁切而丢失的影像得到了有效的应用。

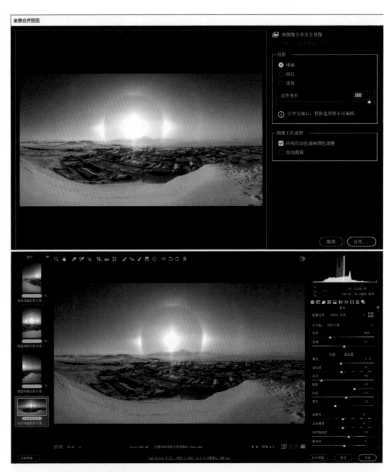

5.单击"合并"并保存图像，新创建的全景图像被保存在原图像所在的相同文件夹中（Windows系统中按住Alt键，Mac系统中按住option键，可跳越保存选项）。

第二节 创建圆柱投影全景图像高级实操技法

圆柱投影模式非常适合宽幅全景图，但它会保持垂直线条平直，也能自动对齐并转换图像，像是映射到圆柱内部的影像效果。

1. 打开要合成全景图像的图片，Windows系统中按快捷键Ctrl+A全选（Mac系统中按command+A），并使用快捷键（Windows系统中为Ctrl+M，Mac系统中为command+M）创建全景图像。

2. 选择"圆柱"投影模式，图像呈现立体感，单击"合并"并保存图像，完成创建任务。

第三节 创建透视投影全景图像高级实操技法

透视投影模式对全景图进行投影，就像是映射到平面上。由于此模式会保持直线平直，因此它非常适合建筑照片和近距离拍摄的照片。对于超宽幅全景图像，此模式的效果可能并不是很好，因为最终生成的全景图边缘附近会有过度扭曲。

1. 打开要合成全景图像的图片，Windows系统中按快捷键Ctrl+A全选（Mac系统中按command+A），并使用快捷键（Windows系统中为Ctrl+M，Mac系统中为command+M）创建全景图像。

图一为"球面"投影效果。

图二为"圆柱"投影效果。

图三为"透视"投影效果。

2.选择"透视"投影模式并取消"自动裁剪",单击"合并"并保存图像。

单击"变换工具",使用"参考线"对图像的倾斜畸变进行校正,并将"垂直"控件滑块向右拖曳至+6,"长宽比"控制滑块向左拖曳至−10完成图像校正任务。

第四节 创建动态全景图像高级实操技法

在Camera Raw中,创建动态全景图像成为现实,Camera Raw会对源图像的元数据、动态影像和边界,进行智能分析判断,并采取有效的遮挡与呈现。

1.打开要合成全景图像的动态图片,Windows系统中按快捷键Ctrl+A全选(Mac系统中按command+A),然后使用快捷键(Windows系统中为Ctrl+M(Mac系统中为command+M)创建动态的全景图像,并取消"图像工作流程"中的选项。

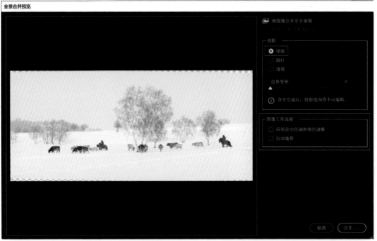

2.将"边界变形"滑块拖曳至100，对全景图像进行校正变形并填充画布。

3.单击"合并"并保存图像，动态的全景图像创建完成。画面出现了两个牧牛人，可以选择"污点去除"工具对其修改。

4. 对于动态范围较大的图片，Camera Raw的表现能力也十分优秀。

201012250009.dng

201012250010.dng

201012250011.dng

5. 创建完成的动态全景图像，效果十分令人满意。

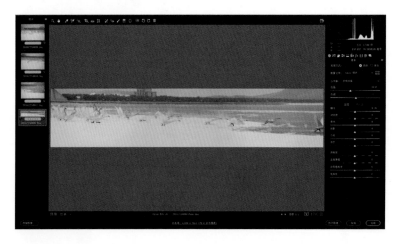

合并到 HDR，就是创建高动态范围图像，将同一场景具有不同曝光度的多个图像合并起来，从而获得感光器能够捕捉的最大色调范围，得到一张 32 位的高动态范围图像。

12

第十二章 Camera Raw 合并到 HDR 高级使用技法

第一节 创建静态的 HDR 图像高级实操技法

1. 打开要合并到HDR的图片, 在胶片菜单中选择"全选"(Windows系统中快捷键为Ctrl+A, Mac系统中快捷键为command+A), 并单击"合并到HDR"(Windows系统中快捷键为Alt+M, Mac系统中快捷键为option + M)。

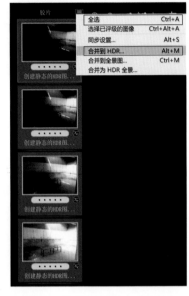

2. 这是一组使用三脚架和遥控快门线拍摄的包围曝光照片, 取消选择"HDR 合并预览"对话框中的"自动对齐"选项, 让运行加快; 如果是手持拍摄, 可勾选"自动对齐"选项, 它会将图像之间的细微移动自动对齐。

启用"应用自动色调和颜色调整", 为个性化的调整提供一个良好的影调起始点。单击"合并"并保存图像, 新创建的 HDR 图像被保存在原图像所在的相同文件夹中(Windows系统中按住 Alt, Mac系统中按住 option可跳越保存选项)。

3. 自动色调和颜色调整效果不错, 高光和阴影细节十分丰富。

4. 当拖曳"曝光"滑块时，会发现HDR图像可以调控上下共20级的曝光度。

第二节 创建动态的 HDR 图像高级实操技法

创建动态的HDR图像在Camera Raw中也可以轻松一键搞定，这源于Camera Raw会对源图像的元数据、动态影像和边界进行智能分析判断，并采取有效的遮挡与呈现。

古城台儿庄201108140015.dng

古城台儿庄201108140016.dng

古城台儿庄201108140017.dng

1. 这三张照片是使用三脚架和遥控快门线拍摄的包围曝光照片，人物移动的范围很大，但在Camera Raw 中也可以轻松一键解决。

2. 将这三张照片，在Camera Raw中打开，在胶片菜单中选择"全选"，并单击"合并到HDR"。

在弹出的"HDR合并预览"对话框中，将"消除重影"级别提高至"高"并消除"对齐图像"。

"消除重影"提供了低、中、高和关闭选项，可依据图像中动态影像位移的多少，选择合适的级别来消除图像中的伪影。

(1)低：校正图像中动态影像位移较小的移动。

(2)中：校正图像中动态影像位移适量的移动。

(3)高：校正图像中动态影像位移较大的移动。

在对话框内即可预览这些设置的效果。必要时，选择"显示叠加"查看重影消除。

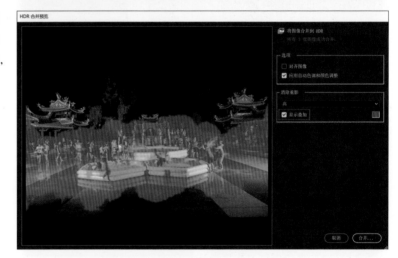

3. 单击"合并"并保存图像，合并后的HDR图像极为自然，重影被完全消除，高光和阴影细节丰富，效果令人振奋。

第三节 一步式创建动态 HDR 加全景图像 高级实操技法

在 Camera Raw 中，不仅可以创建静（动）态的 HDR 图像，还可以创建一张静（动）态的 HDR 全景图像（各组高动态范围图像必须具有相同数量的图像，并具有一致的曝光偏移量）。

1. 这15张照片是连续拍摄的高动态范围的 HDR 全景图像，具有相同的曝光偏移量，每三张为一组，共五组。

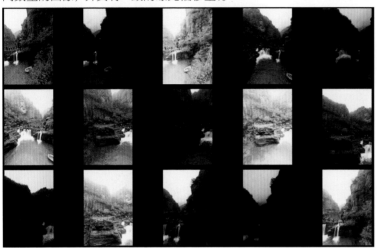

2. 打开要合并到 HDR 全景图的图片，在胶片菜单中选择"全选"（Windows 系统中按快捷键为 Ctrl+A，Mac 系统中按快捷键为 command+A），并单击"合并为 HDR 全景"。

3. 在弹出的"HDR 全景合并预览"对话框中，选择默认的"球面"投影模式（球面投影模式非常适合上下多行拍摄或超宽幅全景图 /HDR 全景图），并取消"自动裁剪"功能。在对话框顶部有"所有15张图像成功合并"的提示。

4. 如果少选一张，仅用14张图像进行HDR全景图合并，在弹出的"HDR全景合并预览"对话框顶部，会有"14张图像中有2张无法合并"的提示。

5. 调整"边界变形"控件滑块至100，校正图像的扭曲畸变，以填充画布。

6. 单击"合并"并保存图像。Windows系统中按住Alt键（Mac系统中按住option键）可跳跃保存选项，直接将新创建的HDR全景图像保存在原图像所在的文件夹中。

Bridge 是一款文件浏览器性质的管理软件，更是摄影师预览、搜索、排列、筛选、管理和处理图片最佳的工具。使用 Bridge 可以制作 PDF 联系表、查阅动态媒体文件、对文件进行重命名、移动和删除文件、编辑元数据、旋转图像、执行批处理命令，导入相机文件并查看数据等。所以，学习并熟练掌握它的使用方法尤为重要。

附件　Bridge CC 概述

第一节 创建个性化的 Bridge 工作区

Bridge工作区由多个小面板组成了三个大窗格，每个面板都可以移动或调整大小，每个大窗格也可以拖动、调整大小或在相邻大窗格的垂直分隔栏上双击隐藏。当然，还可以在任意一个内置工作区的基础上再调整，从而创建属于自己的个性化Bridge工作区。

一、认识 Bridge

首先把Bridge中的小面板移动展开，了解Bridge。

A.菜单栏，它为Bridge软件的大多数功能提供功能入口，单击可显示树型选项。

B.应用程序栏，提供执行基本操作的按钮，可导航文件夹层次结构、搜索文件、切换PS工作区、从相机或设备获取文件、快速进入ACR和旋转图像等功能。

C.路径栏，显示正在查看的文件夹的路径，能够导航到该目录。

D.收藏夹面板，允许快速访问经常浏览的文件夹。

E.文件夹面板，显示文件夹层次结构，实现阅读导航。

F.收藏集面板，允许创建、查找、打开收藏集和智能收藏集。

G.滤镜面板，允许排序和筛选内容面板中显示文件的条件。

H.内容面板，显示当前选择文件夹里的文件。

I. 缩览图滑块，通过拖动滑块调整缩览图大小。

J. 视图选项，可以选择自己喜欢的查阅方式，如单击锁定缩览图网格、以缩览图形式查看内容、以详细信息形式查看内容、以列表形式查看内容。

K. 元数据面板，包含所选文件的元数据信息。如果选择了多个文件，则会列出共享数据（如关键字、创建日期和曝光度设置）。

L. 关键字面板，通过附加关键字来组织图像。

M. 发布面板，可以从 Bridge 中将内容上传到 Adobe Stock 和 Adobe Portfolio 或者微博。

N. 预览面板，显示所选的一个或多个文件的预览。预览不同于"内容"面板中显示的缩览图，并且通常大于缩览图。可以通过调整面板大小来缩小或放大预览。

O. 打开最近使用过的文件。

P. 创建新文件夹。

Q. 删除项目。

R. 快速搜索框，除了在 Bridge 或计算机中搜索资源外，还可以搜索高品质 Adobe Stock 插图、矢量图和照片。搜索时，系统会使用默认 Web 浏览器将结果显示在 Adobe Stock 网站上。若要在 Adobe Stock 搜索与 Windows(Windows 系统)/Spotlight(Mac 系统)搜索选项之间切换搜索，可使用"快速搜索"框中的下拉列表。

S. 文件升降排序的方式。

T. 按评级筛选项目。

U. 缩览图质量和预览生成选项。

V. 标准工作区，内置7种查阅工作区和一种"输出面板"工作区（用于创建 PDF 联系表）供选择。

W. 所选项目。

X. 垂直分隔栏。

Y. 横分隔栏。

二、创建个性化的 Bridge 工作区

每个人查阅文件的习惯不同，因此工作区就会呈现多样化的状态。

首先把"标准工作区"向左拖动，直到所有的内置工作区全部显示，然后单击"预览面板"，使所选项目在这里得以显示；最后拖动"缩览图滑块"使"内容面板"看起来丰满，满足自己对缩略图查看的要求。

可以在窗格间的垂直分隔栏或横分隔栏上拖动鼠标，改变窗格间的大小；也可以在垂直分隔栏双击鼠标将其隐藏，再次双击鼠标将其显现；如要全部隐藏小窗格，可单击 Tab 键，再次单击 Tab 键，小窗格则被召回。

仔细查看整个工作区的大窗格是否还有需要拖动或调整的地方，如果没有，就可以创建属于自己的工作区了。

把"工作区"的子菜单展开，选择"新建工作区"，在弹出的窗口中填写自己的名字并存储，个性化的 Bridge 工作区创建完成。

第二节 Bridge 首选项的预设

对Bridge首选项进行预设，就是对其进行优化管理，运行更快更专业更富有个性化。

1.用Windows系统时，在菜单栏"编辑"（用Mac系统时在菜单栏"Adobe Bridge CC 2018"）中选择"首选项"（Windows系统快捷键为Ctrl+K，Mac系统快捷键为command+K）。

(1)在首选项"常规"中做如图所示设置。

勾选"双击可在 Bridge 中编辑 Camera Raw 设置",因为有两个 Camera Raw,Bridge 和 Photoshop 各有一个。否则,双击 RAW 格式文件,将启动 Photoshop,再启动 Photoshop 中的 Camera Raw,这将大大增加机器的负担。

(2)勾选"在预览或审阅时,按住 Ctrl 并单击鼠标打开'放大镜'",更直观地查看图像的细节。

① 在"审阅模式"中使用放大镜。

② 在"预览面板"中使用放大镜。

(3)为什么把收藏夹里的选项都取消了呢?

"收藏夹面板"和"文件夹面板"很像双胞胎兄弟,收藏夹另有妙用(在"如何创建和使用收藏夹"中有详解)。

2. 单击"缩览图"做如下选择。

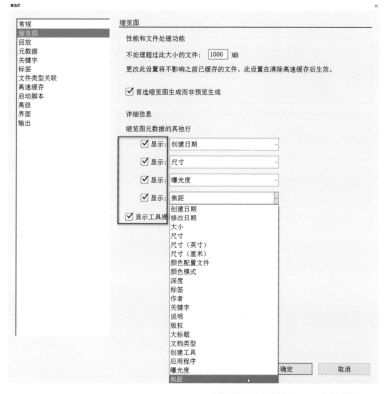

设置后，内容面板中的文件将
显示更多元数据信息。

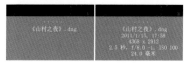

3. 单击"标签"，取消勾选"需要Control键来应用标签和评级"。

在红色、黄色、绿色和蓝色标签栏里依次填写"最好""HDR""接
片"和"超级景深"，方便日后对文件的精确查找、排序和编辑管理。

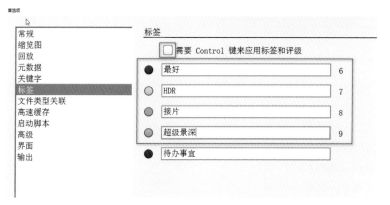

4. 单击"高速缓存"做如下选择。

(1) 立即清空全部高速缓存

Bridge 的中央高速缓存将缩览图、预览和元数据信息存储在数据库中，以提升浏览或搜索文件的性能。但是，高速缓存越大，所占用的磁盘空间也就越多，删除整个高速缓存，可以释放硬盘驱动器上的空间。

(2) 在 Bridge 空闲时，清空早于"N"天的高速缓存，当然也可以指定清空时间(介于1到180天之间)。之前已经高速缓存的项目如果早于指定天数，即被视为旧项目，将在 Bridge 空闲时被自动删除。

(3) "退出时压缩高速缓存"，选择此选项后，如果数据库大小超过100MB，则在退出 Bridge 时，将自动清理高速缓存。

(4) 拖动滑块可以指定更大或更小的高速缓存大小。如果高速缓存接近已定义的极限(500000条记录)，或包含高速缓存的卷太满，则在退出Adobe Bridge 时，将会删除高速缓存的旧项目。

(5) 单击"选取"，改变"高速缓存"的保存位置，选择分区硬盘，并新建文件夹，取名"CC垃圾文件"，方便及时清理垃圾文件。

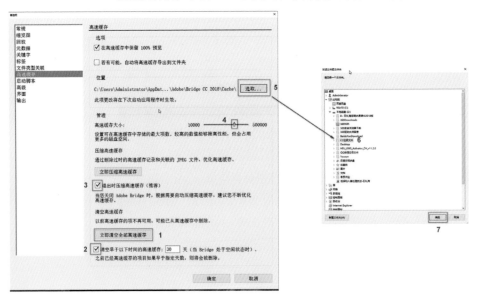

(6) 单击"界面"

①将"用户界面亮度""图像背景"的按钮均拖向最黑，"突出颜色"选择自己喜欢的选项，这样再审阅图像时会更加专注。

②在"用户界面缩放"栏选项中（仅限Windows用户）选择自动时，Bridge读取不同显示器上的每英寸点数设置，自动调整用户界面缩放到最佳状态。还可以手动设置选择200%，让Bridge工作区里字体变大。

③Bridge首选项的预设将在重启Bridge时生效。需要提醒的是，如果在非HiDPI显示器上选择200%缩放选项，Bridge界面不能完全显示，如图所示。

(7)如何恢复首选项

Windows系统中按住Ctrl键（Mac系统中按住option键）的同时启动Bridge，弹出"重置设置"对话框。

①重置首选项，将首选项恢复为出厂默认值。

②清空整个缩览图高速缓存，高速缓存的图像将被删除，Bridge启动时将重新创建缩览图高速缓存。

③重置标准工作区，Bridge将工作区恢复为初安装默认配置。

第三节 Bridge 的使用技巧

一、在工作区中查阅文件

1. 在"预览"面板中，按方向键查阅图像

在"应用程序栏"中单击 ■ 或 ■ 图标旋转图像，Windows 系统中快捷键为 Ctrl+"["或 Ctrl+"]"（Mac 系统中快捷键为 command+"["或 command+"]"）。

在"预览"面板最多可一次显示九张缩览图图像供快速比较筛选。

2. "全屏预览"查阅图像

(1) 选择一个或多个图像，按空格键全屏预览，翻阅方式同上。按"["或"]"键旋转图像。

(2)单击图像进行缩放，使用鼠标滚轮增加或减小倍数（或单击+、−键）。

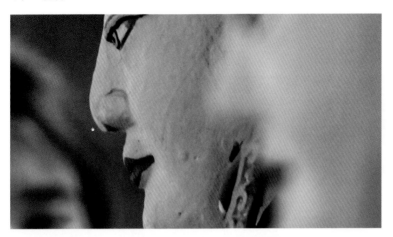

(3)图像放大后，按住鼠标可拖移查看，按空格键或Esc键退出"全屏预览"。

(4)如果选择了多个图像进行"全屏预览"，按方向键可循环查阅图像，是筛选相似图像的法宝。

3. 审阅模式查阅图像

(1)从菜单栏视图中选择"审阅模式"（Windows系统的快捷键为Ctrl+B，Mac系统的快捷键为command+B），在审阅模式的左、右下角有操作提示按钮。在审阅模式中可以交互旋转来查看图像，鼠标在背景中会变成"小抓手"，单击背景图像，快速将其显示在前景中。单击R键，前景图像即可在Camera Raw中打开。

(2)按方向左右键查阅图像，向下键淘汰图片，向上键及时召回淘汰图片，按Esc键或单击屏幕右下角的"×"按钮退出。

(3)凡是按向下键的图片没有被标识，从菜单栏中单击"编辑"选择"反向选择"（Windows系统的快捷键为Ctrl+Shift+I，Mac系统的快捷键为command+Shift+I）。

(4)单击"删除项目" 按钮，在弹出的窗口提示中勾选"不再显示"后按"确定"删除图像。"审阅模式"是筛选图像的最佳选择。

4. 以幻灯片的方式展示作品

(1)从菜单栏"视图"中选择"幻灯片放映"（Windows系统的快捷键为Ctrl+L，Mac系统的快捷键为command+L）。

(2)设置幻灯片播放选项(Windows系统的快捷键为Ctrl+Shift+L,Mac系统的快捷键为command+Shift+L)。可以选择重复放映幻灯片或缩放,指定幻灯片持续时间、题注和幻灯片缩放比例,指定过渡效果和速度等,按Esc键退出。

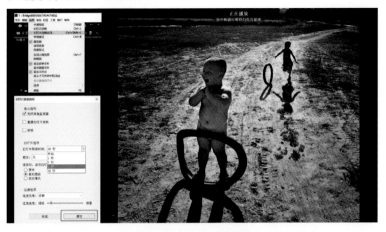

(3)在幻灯片视图中按H键,显示幻灯片的全部播放命令。

二、给文件评级和添加颜色标签

在内容面板、审阅模式或全屏查阅中,按数字键1~5给文件星级标识,按数字键0取消评级;按数字键6~9标识颜色标签,按相同数字取消标签,评级和颜色标签可以叠加使用。给文件添加的评级和标签,会在滤镜面板"标签"和"评级"中显示。

三、快速找到已添加星级和颜色标签的文件

1. "滤镜"面板里的"筛选器"条件包含了"内容面板"文件的所有元数据或位置信息。

2. 如果"内容"面板显示的图像来自"收藏集"面板，"筛选器"多一个"父文件夹"条件，通过它可以找到文件的源位置，文件不同"筛选器"条件选项也不同。

236

3. 单击条件选项，可快速找到想查阅的文件，其他则被隐藏。

4. 也可以在"筛选器"中选择多项条件来精确查找文件。

四、文件排序的几种方式

1. 用鼠标右键单击"内容"面板，在弹出选项中，将"排序"子菜单展开选择。

2. 从菜单栏视图中单击"排序"选择选项。

3. 单击"按标签排序"选择选项。

4. 在"内容"面板中，选择文件拖移排序，是专题或组照排序的最佳选择。

五、给文件"批重命名"

可以选择多个或全部文件"批重命名",并且可以创建自己喜欢的"批重命名"设置。

1. 选择图像,从菜单栏"工具"中选择"批重命名"(Windows系统的快捷键为Ctrl+Shift+R,Mac系统的快捷键为command+Shift+R)。或者在"内容"面板中,右键单击选择"批重命名"。

2. Windows系统中按住Ctrl键(Mac系统中按住command键),可跳跃选择文件。

3. 在弹出的"批重命名"对话框中,输入文本以创建新文件名,单击加号"⊕"或减号"⊖",可添加或删除元素。

"批重命名"新作品的设置,单击预设"存储"选项,键入名称单击"确定"。下次将"预设"菜单展开,点选保存的预设可以快速使用。

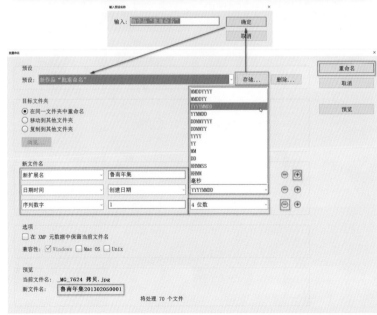

新文件名

序列数字	▾	1		2 位数	▾	⊖ ⊕
文本	▾	:				⊖ ⊕
文本	▾	《》				⊖ ⊕

选项
☐ 在 XMP 元数据中保留当前文件名
兼容性: ☑ Windows ☐ Mac OS ☐ Unix

预览
当前文件名: _MG_7624 拷贝.jpg
新文件名: 01: 《》.jpg

将处理 70 个文件

4. 推荐一种专题或组照的"批重命名"设置。

六、从相机中拷贝图像

1. 使用数据线连接相机(开机模式)或读取卡,从"应用程序栏"中,单击"从相机获取照片" (Mac系统中单击"从设备导入"),(Mac用户的相机或读卡器,连接到电脑上时会弹出"要信任此电脑吗?"的警告,要解锁设备并点按"信任")。或者从菜单栏文件中,选择"从相机获取照片"。

2. 在弹出的"图片下载工具"对话框中,打开"高级对话框"。

3. 在"源"选项中选择"相机或读卡器"。

4. Bridge的读取能力很强大,能够把照片和视频同时读取。在"存储选项"中,单击"预览"选择保持位置,在"创建子文件夹"选项中挑选创建条件,笔者选择了"自定名称"。

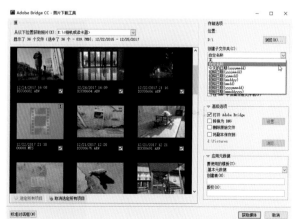

5. 键入文件夹名称，并在"重命名文件"中挑选条件，笔者选择了"拍照日期"；拷贝后的图像名称如："DSC08682"替换成"20151224_08682"。也可以选择"不要重命名文件"而保留原文件名，或者选择"自定义名称"填写拍摄地名等。

由于国内纪实性比赛，不认可由RAW格式转换的DNG格式的图像，勾选"转换成DNG"格式需谨慎。

在"高级选项"中，勾选"删除原始文件"，照片导入后，Bridge将自动删除相机或读卡器中的原始照片。

此外，还可以修改整个图像的元数据，把摄影师的名字镶嵌其中，单击"获取媒体"完成拷贝任务。

七、复制、移动和删除文件

1. 复制文件

(1) 相同位置内复制文件

选择文件，从菜单栏"编辑"中选择"复制"；亦可在内容面板中，单击鼠标右键，在弹出的对话框中选择"复制"。

(2) 不同位置复制文件

选择文件，从菜单栏"文件"中选择"复制到"，指定保存位置。

(3) 选择文件后，Windows系统中按住Ctrl键（Mac系统中按住option），将它们拖放到指定的位置。如果将文件复制到不同的分区硬盘里，不需按住Ctrl键，否则拖放将变成移动文件。

2. 移动文件

方法同复制文件(2)和(3)。

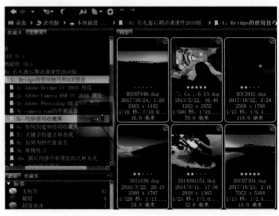

3. 删除文件

(1)选择文件，单击"删除项目"
，在弹出的对话框中，勾选"不
再显示"并单击"确定"。

(2)选择文件，从菜单栏"文件"中选择"删除"，
（Windows系统的快捷键为Ctrl+Delete，Mac系统
的快捷键为command+Delete）；亦可在"内容"面
板中，单击鼠标右键，在弹出的对话框中选择"删除"。

(3)选 择 文 件 并 按 Delete 键，
在弹出的对话框中，勾选"不再显
示"并单击"删除"。

八、如何堆栈图像

拍摄归来，文件夹里可能有高动态范围(HDR)或全景接片图像，日
后难于预览和查找，那么，将它们逐一堆栈是最好的选择。

1. 选择图像，从菜单栏"堆栈"中，单击
"归组为堆栈"完成堆栈命令。选择图像，从菜
单栏"堆栈"中，单击"取消堆栈组"还原图像。

这是由21张图片拍成的全景接片图像，堆
栈在一起方便管理。

2. 如果拍摄好多高动态范围（HDR）或全
景接片图像，手动堆栈着实心烦，有一种更快
捷的堆栈方法。在菜单栏"堆栈"中，选择"自
动堆栈全景图/HDR"，Bridge中的自动收集脚
本，将会识别图像并分类分组完成堆栈。

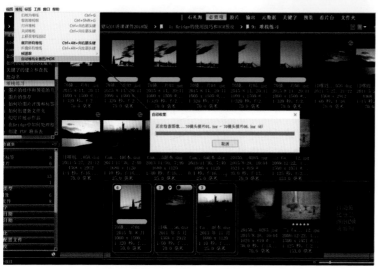

九、如何创建和使用收藏夹

收藏夹面板的作用是收藏常用的文件夹、软件图标或Word文档等，方便快速查找。

1. 找到常用的文件夹，用鼠标将其拖动至收藏夹即可。

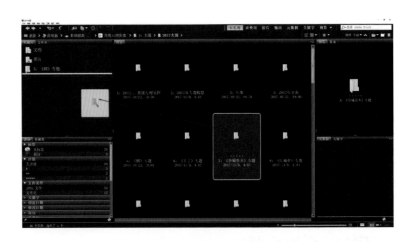

2. 也可以在打开的磁盘中，选择文件夹并将其拖动至收藏夹。

3. 把常用的软件图标收藏至此，单击就可以启动它们。

4. 在收藏夹面板文件上单击右键，在弹出的对话框中选择"从收藏夹中移去"可解除"合约"。

5. 选择"在'资源管理器'中显示"，可打开该文件源位置并指定该
文件。

十、巧妙使用收藏集面板

收藏集面板就是把不同文件夹或不同磁盘上的照片归入一个虚拟的
位置，并且不占用任何磁盘空间，方便随时查阅、筛选、编辑和处理图片，
可以创建N个收藏集来管理摄影作品。

1. 选择图像并创建收藏集

选择图像，并单击面板底部的"新建收藏集" ▣ ，在弹出的"是否在
新收藏集中包含所选文件？"选项中单击"是"，在新创建的收藏集里键
入组名完成创建。

2.向收藏集里添加照片

(1)在内容面板里选择图像，拖放到组别中。

(2)在磁盘里选择图像拖放到组别中。

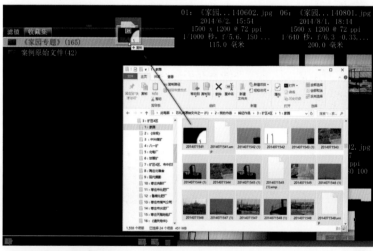

3.重命名收藏集

(1)双击收藏集名
称并键入新名称。

(2)右键单击收藏集组，在弹出的对话框中
选择"重命名"并键入新名称。

4.删除"收藏集"

(1)右键单击收藏集组，在弹出的对话框中选择菜单中的"删除"。

(2)选择收藏集组，单击"删除收藏集"，在弹出的对话框中勾选"不再显示"，选择"是"，删除收藏集组不会删除源文件。

5.删除收藏集中的照片

(1)在内容面板中选择文件，单击"从收藏集中移去"。

(2)右键单击所选照片，在弹出的对话框中选择"从收藏集中移去"。需要提醒的是：如果选择"删除"或者选择"删除项目"，源文件也会被移去！

6.查找"收藏集"丢失的文件

(1)凡是归入收藏集里的文件，Bridge都会追踪它的源位置，如果没有使用Bridge移动文件，或者移动硬盘失联，"内容"面板顶部会显示修复警告。

(2)当再次连接移动硬盘时，Bridge会自行修复解除警告；如果在"资源管理器"中移动了文件或修改了文件名称，单击"修复"，在"查找缺失的文件"对话框中，单击"预览"找到文件的新位置，单击"确定"完成修复。

(3) 如果不想找回"查找缺失的文件"，可逐个选择"移去"，消除警告；如果选择"跳过"，警告会如影随形。

7. 创建和使用智能收藏集

智能收藏集是以一种或多种组合条件为前提，快速搜索符合要求的文件。

(1) 单击面板底部的"新建智能收藏集" ，会弹出"智能收藏集"对话框，将"查找位置"菜单展开，选择查找路径；依次将"条件"菜单展开选择选项、限制符和搜索条件，单击"存储"，并在"智能收藏集"里键入组名完成创建。

凡符合条件的文件均被找到。

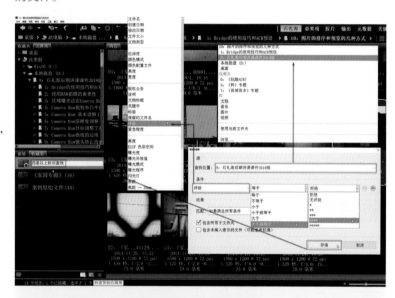

(2)如果只想搜索照片而不搜索文件夹,可单击"编辑智能收藏集" ,
按加号"⊕"图标添加搜索条件。

从"匹配"菜单中选择选项,以指定是满足任意条件还是必须满足
全部条件。

选择"包含所有子文件夹",将搜索范围扩展到源文件夹中的所有子
文件夹。

选择"包括未编入索引的文
件"将搜索已缓存的和未缓存的文
件,速度会变慢。

(3)删除"智能收藏集"方法同删除"收藏集"。

(4)重命名"智能收藏集"方法同重命名"收藏集"。

十一、关键字的建立和查找

给图像添加关键字,对于摄影师来说很重要,作品越多越明显。添
加了关键字的图像,有利于筛选、编辑、管理和处理图片。

1.给图像添加关键字

(1)选择图
像并单击"关键
字"面板,展开
面板子菜单,单
击"新建关键
字",或者单击
右下角"新建关
键字"图标 ➕。

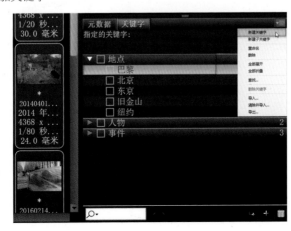

(2) 在新建组别上键入名称，按回车键完成。

(3) 只需要在新建组别上打钩，选择的图像就添加了关键字。

这时，"滤镜面板"里多了一个"关键字"筛选条件。

(4) 既然给图像加入了"山东枣庄"关键字，应该再详细划分拍摄位置，查找可更加具体。

在面板子菜单中，单击"新建子关键字"，或者单击右下角"新建子关键字"图标 。

(5) 在新建子关键字组别上键入名称，按回车键完成，并在新建子组别上打钩完成创建。

父关键字、子关键字以及其他组别可以相互拖动，也就是说，在这里它们就像演员一样，角色可以互换。

现在,"滤镜面板"里又多了一个"关键字"筛选条件。

2. 删除或修改图像里的关键字

如果给图像添加的父关键字或子关键字有误,怎么删除或修改它呢?

(1) 选择图像,取消其所在组别上的勾选,关键字被删除。

(3) 如要同时清除图像中所有的父关键字和子关键字,可按住Shift键并取消子关键字组别的勾选;如若同时添加父关键字和子关键字,可按住Shift键并勾选子关键字组别的复选框。

(2) 选择图像,单击所在组别,在面板子菜单中,单击"删除关键字",或者单击面板右下角"删除关键字"图标 ▦ 。

在弹出的对话框中,单击"是"。

3. 给关键字组别重命名

在组别上,右键单击,在弹出的对话框中选择"重命名",或者把面板子菜单展开,选择"重命名"。

4. 删除关键字组别

删除关键字组别同删除关键字(2)。

5. 通过关键字精准查找图像

在"关键字"面板中，单击查找组别，右键单击，在弹出的对话框中选择"查找"，或把面板子菜单展开，选择"查找"。

在弹出的对话框选项中，选择查找位置并单击"查找"。

因此，给图像添加关键字，可以达到快速精准地查找的目的。

十二、在 Bridge 中创建 PDF 联系表

在 Bridge 中创建 PDF 联系表，是很多摄影师不太熟知的功能。在当今超媒体时代，创建 PDF 联系表，显得尤为重要。比如，创建网站页面，发送多张组合图片信息，创建个人电子作品图书，制作影友交流的 PDF 课件，制作多张打印前的小样，帮助校准影调和色调。在 Bridge 中，可以很容易地把它们做成缩览图，放到一张或多张页面里。

那么，如何在Bridge中创建PDF联系表呢？

1. 在标准工作区中选择"输出"。

| 石礼海 必要项 胶片 **输出** 元数据 关键字 预览 看片台 文件夹 ▼ |

2. 在"输出设置"面板中，默认的模板是2x2单元格。在"内容面板"中选择图像并拖入"输出预览"面板中。

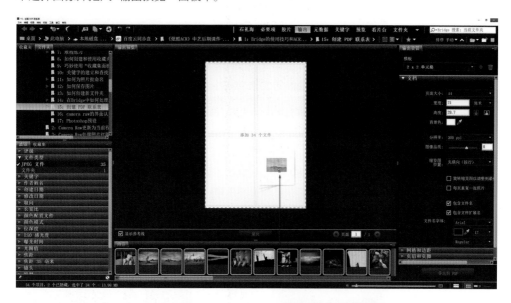

3. 单击页面翻页键，找到要调整顺序的页面。

◀ 页面 **1** / 9 ▶

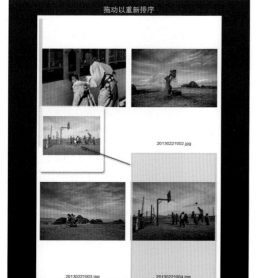

4. 对自动排版好的图片，用鼠标拖动调整顺序；单击"逆时针旋转90°"或"顺时针旋转90°"，旋转调整单张图片；单击"移去"按钮，则删除指定图片。

5. 单击"文档"面板，选择"高度"中的"横向"，取消"包含文件名"和"包含文件扩展名"的勾选，画布排序更加紧凑。

6. 如果想制作个人电子作品书或者用于打印，可在"模板"面板中选择"最大大小"。

7. 在"页面大小"选项中，选择合适的页面大小。

8. 指定页面的"宽度"和"高度"，分辨率建议使用300ppi，"图像品质"为12。如果制作交流作品，建议使用72ppi，"图像品质"为7。缩览图位置显示画布中图像的位置选项，适用于在一个画布中设置多张图片，可以跨行（由左向右）或跨列（由上向下）放置图像。

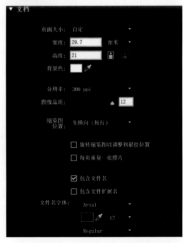

选择要编辑版面的图像

201102140093

9. 如果勾选了"旋转缩览图以调整到最佳位置"，图像将被自动旋转，以最佳打印效果放置在画布中，打印作品或小样建议勾选。

选择要编辑版面的图像

201402100295.dng　　201402100295.dng

201402100295.dng　　201402100295.dng

10. 勾选"每页重复一张照片"的效果。

选择要编辑版面的图像

11. 如果不想在画布中出现作品名和文件扩展名，可取消"包含文件名"和"包含文件扩展名"的勾选。

12.如果勾选"包含文件名"，可以指定字体格式、字体颜色、字体大小和字体样式。

颜色吸管最具创意，很像Photoshop拾色器中的"颜色取样器工具"，可以在屏幕上的任意位置进行颜色取样。要选择颜色，可按住颜色吸管并拖动，字体颜色随着吸管的滑动而改变，松开鼠标即选择颜色。

要恢复到上次选取的颜色，可在Windows系统中按住Alt键（Mac系统中按住option键)在颜色吸管上单击。

背景色的取色方法与此相同。

13.如要整体打印小样，可在"网格和边距"面板中做个性化的设置。

14.笔者对电子作品书做了如下图设置。

15.对"页眉和页脚"设置如左图所示。

《甘南掠影》

《雪域温情》

石礼海

17

16. 电子作品书单张呈现效果令人满意。

17. 还可以添加文字水印或图像水印。

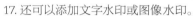

18. 对添加的水印图像，设置如左图所示。

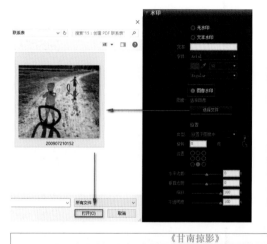

《甘南掠影》

19. 图像水印若隐若现，恰到好处。

《雪域温情》

石礼海

17

20. 最后，在"PDF属性"面板中，设置回放命令。

（如果勾选"打开口令"，需要键入此口令，才能打开生成的PDF联系表。如果勾选"许可口令"，需要键入此口令，才能在生成的PDF中更改权限设置。在 Reader 或 Acrobat 中打开文档不需要此口令。只有在更改设置的限制时才需要此口令。如果勾选"停用打印"，则在生成的PDF中设置打印限制。要更改打印权限设置，需要使用权限口令。只有在设置权限口令时，才启用此选项。）

21. 如果喜欢这种预设，可单击"存储模板"图标 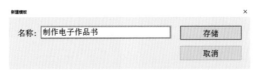，把它保存下来，下次再制作电子作品书的时候，可以直接在"输出设置"模板选项中调取。删除保存的预设模板，可选择"删除选定的模板"图标 🗑。重新制作，可单击"内容面板"上方的"复位"按钮。

22. 单击"导出到PDF"按钮，电子作品书创建完成。